西安交通大学本科"十二五"规划教材
西安交通大学"985"工程三期重点建设实验系列教材

工程坊实训系列教材

电子工艺实训教程

总策划　王　晶

主　编　张春梅　赵军亚

U0290705

西安交通大学出版社
XI'AN JIAOTONG UNIVERSITY PRESS

内容简介

　　本教程以电子产品制造的基本工艺知识和电子装配的基本技术为主线,对电子产品制造过程及典型工艺作了全面介绍,全书共9章,内容包括绪论、安全用电与配电工艺、电路焊接技术、常用元器件、常用仪器仪表、电子制图及印刷电路板设计与制作、电子产品装配、电子产品调试和实践产品。考虑到电子产品种类较多、工艺千差万别的特点,经过精心组织,兼顾通用性和个性,既有一般电子产品的一般制作和调试方法,又通过具体产品讲述其装配、调试方法,便于初学者基本概念的建立和基本技能的掌握,有独到之处的实用性。

　　本教程力图内容充实,详略得当,实用性强。既可作为理工科学生参加电子工艺学习实验教学的教材,亦可作为学生课外电子科技创新实践、课程设计、毕业实践等自学电子工艺基本知识和制作的实用指导书,同时也可供职业教育、技术培训及有关技术人员参考。

图书在版编目(CIP)数据

电子工艺实训教程/张春梅,赵军亚主编. —西安:西安交通大学出版社,2013.4(2019.1重印)
　ISBN 978-7-5605-4681-0

　Ⅰ.①电…　Ⅱ.①张…　Ⅲ.①电子工艺-高等学校-教材
Ⅳ.①TN

中国版本图书馆 CIP 数据核字(2012)第 278182 号

书　　名	电子工艺实训教程	
主　　编	张春梅　赵军亚	
责任编辑	李慧娜	

出版发行　西安交通大学出版社
　　　　　(西安市兴庆南路 10 号　邮政编码 710049)
网　　址　http://www.xjtupress.com
电　　话　(029)82668357　82667874(发行中心)
　　　　　(029)82668315(总编办)
传　　真　(029)82668280
印　　刷　西安日报社印务中心

开　　本　787mm×1 092mm　1/16　　印张　11.625　　字数　270 千字
版次印次　2013 年 4 月第 1 版　　2019 年 1 月第 8 次印刷
书　　号　ISBN 978-7-5605-4681-0
定　　价　22.00 元

读者购书、书店添货、如发现印装质量问题,请与本社发行中心联系、调换。
订购热线:(029)82665248　(029)82665249
投稿热线:(029)82664954
读者信箱:jdlgy@yahoo.cn

丛书总序 Preface

工程实践训练是高等院校理工科专业培养合格人才的必要环节。为了培养适应 21 世纪社会需要的创新型人才,激发学生的学习兴趣,使学生变被动学习为自主学习,将课余时间更多地用于学习知识、技能,西安交通大学在原工程训练中心和校办工厂实习部分的基础上,于 2007 年 10 月成立了新型学生工程和科学实践基地——工程坊。

工程坊定位于学校本科生进行课内外工程实践和提高工程管理能力的场所,同时也为研究生完成学位论文和教师进行科学研究提供工程设计和工程制作平台。工程坊的建立将有助于推进西安交通大学人才培养的新理念和新模式,提高学生的实践能力和综合能力(创新意识、发现和解决实际问题、团队合作、自我管理、自我表达等能力),增强学生就业竞争力。

工程坊的建设目标:改革传统教学实习,为学生提供一个安全、方便、功能比较齐全的自主实践平台;加强与各学院的合作联系,通过各类项目设计课程为学生提供一个综合能力训练平台;依托学校的学科优势,为学生提供一个面向未来的课外创新科技项目研究平台。在形成"一流教育理念、一流实践内容、一流管理体制"的基础上,把工程坊打造成"国内大学中一流的、具有鲜明特色的"多功能学生工程和科学实践基地。

工程坊的特色:工程坊的突出特色是"自主""开放""安全""共享""创新"。

自主:支持和鼓励学生到工程坊从事自己感兴趣的制作和研究工作。

开放:面向本校本科生、研究生、教师开放使用;面向社会开放建设。

安全:全方位的安全教育与安全环境建设。

共享:机器仪器的使用、工具借用实现全面共享,为提供便利的软硬件使用条件。

创新:将创新理念和创新活动贯穿到师生在工程坊的一切活动中。

工程坊的三项基本任务:

(1)自主实践——学生利用课余时间、凭自己的兴趣爱好在工程坊从事的实践活动;

(2)项目实践——学生以团队形式参加由工程坊设立的专门项目课外实践活动;

(3)教学实习——列入学校教学计划的课内实践教学活动。

为了满足教学计划内、外两方面学生多种多样的实践需求,工程坊规划建设了具有批量接待能力的**三个平台**:

(1)机械设计加工平台(包括木工加工);

(2)电子设计制作平台;

(3)人文实践活动平台(海报、文化衫印制,陶艺、雕塑、工程教育博物馆等)。

在工程坊内完成教学实习,可看成为西安交通大学培养学生动手实践能力的第一步。编写具有工程坊实践特色的机械制造(金工)、电子工艺、测量与控制、现代加工等培训教材,使之能满足:①学生教学实习中,对机械制造和电子产品制作相关理论知识和实际加工技能的学习;②解决学生项目实践活动中遇到的零件加工或电路制作难题;③想进一步提升加工与制作技能,前来工程坊参加自主实践学生学习的需求。这样,在教材内容策划上就不仅仅限于完成教学实习任务的需要,而是扩充了较多的实用内容,以便满足学生参加项目实践和进行自主实践使用的需求。

策划编写本套系列教材,将工程坊教学改革的成果固化,便于国内同行之间的交流,也为工程坊深化改革作了铺垫。

王 晶

西安交通大学工程坊主任

2013 年 1 月修订

前言 Foreword

　　《电子工艺实训教程》是西安交通大学工程坊编写的学生实践培训系列教材之二。电子工艺实习是面向电类等各专业开设的教学实践课程,电子工艺(也称电子装调工艺)是指把电子类元器件、原材料或半成品通过各种手段加工成产品的过程和方法。电子工艺实习是工程坊教学实践活动的一项重要任务。

　　电子工艺实习计划 40 学时,学生在任课老师和实训技师的指导下,进行基本的配电和手工焊接练习,完成某一类电子产品(如电源类、功放类、收音机等实用电子产品)的焊装、调试与制作;通过训练,掌握安全用电操作、常用电子元器件识别、电路板的焊接与制作;学会使用万用表、示波器、信号发生器、电源等仪表对产品电路进行测试,掌握一定的电子产品故障维修的技能。

　　本教材编写分绪论、安全用电与配电工艺、电路焊接技术、常用元器件、常用仪器仪表、电子制图及印刷电路板设计与制作、电子产品装配、电子产品调试、实践产品 8 章内容,除了满足电子工艺实习以外,还可以供学生课外实践训练参考。教材中增加了部分新技术、新工艺简介,以拓宽学生的知识领域。同时教材的内容详略得当,篇幅紧凑,图文并茂,以利实用。

　　本教材由王晶教授担任总策划;张春梅副教授和赵军亚担任主编,张春梅编写绪论和第 1,5,6,7 章及附录 2;赵军亚编写第 2,3,4,8 章及附录 1。

　　本书参考了相关讲义内容,在此表示感谢。

　　限于编者水平,书中难免有错误和不妥之处,恳请广大读者指正。

编者

2013 年 1 月

目 录 Contents

第0章 绪 论

0.1 电子工艺的概念

简单来讲工艺就是加工的艺术。工艺要求采用合理的手段,以较低的成本来完成产品的制作,同时必须达到设计规定的性能和质量。成本包括施工时间、施工人员层次和数量、工装设备投入、质量损失等多个方面。通常工艺定义为:劳动者利用生产工具对各种原材料、半成品进行加工和处理,改变它们的几何形状、外形尺寸、表面状态、内部组织、物理和化学性能以及相互关系,最后使之成为预期产品的方法及过程。电子工艺是指将电子材料或元器件经过加工或处理制成为电子成品的工作、方法、技艺等。电子工艺、电路和结构技术一起构成电子产品的三大技术要素。电子产品的工艺技术水平是产品质量的重要标志。

在电子产品的加工生产中,工艺技术不仅包含电装、电调等电子工艺,还包含机加工工艺。生产中所涉及到的工艺有元器件处理工艺、焊接工艺、印制电路板设计工艺、印制电路板制造工艺、机加工工艺、装配工艺、调试工艺、包装工艺、检验工艺等诸多方面。

①元器件处理工艺:性能测试、指标测试、元器件成型。

②印制电路板设计工艺:将原理电路绘制成印制电路。

③印制电路板制造工艺:将印制电路制成印制电路板。

④焊接工艺:按器件要求设定焊接工艺,将电路中各种元器件、集成电路装焊到印制电路板上。

⑤调试工艺:将电路调试过程规范化,设定调试指标,实现对电路电参数的调整。

⑥机加工工艺:完成各种机械部件的设计、加工工艺并进行加工。

⑦装配工艺:完成装配工艺设计,实现将电路部分与机械部件的组合。

⑧包装工艺:为整机进行安全防护设计,保证运输的安全。

⑨检验工艺:检验工艺贯穿在整机生产的各个环节,保证各个环节的质量。

电子工艺从电子元器件的检测、电子材料的选用、电子产品装配前的准备、电子元器件的焊接、印刷电路板制造,到电子产品的安装、调试、检验、包装及电子工艺文件的识读,构成一套完整的将产品设计变为产品的完整体系。

0.2 电子产品工艺发展历程

电子技术是 19 世纪末、20 世纪初开始发展起来的新技术,20 世纪迅速发展并获得广泛应用,成为近代科学技术发展的一个重要标志。电子产品工艺发展历程体现在电子产品装联工艺和微电子封装技术两个方面。

▶ 0.2.1 电子产品装联工艺

电子产品装联工艺技术从 20 世纪 50 年代发展起来,到现在已经经历了五代。第一代为 20 世纪 50 年代的电子管—底座框架时代;第二代为 20 世纪 60 年代的晶体管—通孔插装(THT)时代;第三代为 20 世纪 70 年代的集成电路—通孔插装(THT)时代;第四代为 20 世纪 80 年代初期开始的大规模集成电路(SMT)时代;第五代为 20 世纪 80 年代后期开始的超大规模集成电路(MPT)时代。

▶ 0.2.2 微电子封装技术

所谓"封装技术"就是一种将集成电路用绝缘塑料或陶瓷材料包装的技术。以 CPU 为例,我们实际看到的外形并不是真正的 CPU 内核的大小和面貌,而是 CPU 内核等元件经过封装后的产品外观。封装对于芯片是必须的。因为芯片必须与外界隔离,一方面防止空气中的杂质对芯片电路的腐蚀,造成电气性能下降。另一方面,封装后的芯片也更加便于安装和运输。封装技术的好坏直接影响到芯片本身性能的发挥和与之连接的 PCB(印制电路板)的设计和制造,因此封装技术至关重要。

微电子封装技术经历了三次重大变革。微电子封装技术第一次重大变革是 20 世纪 70 年代中期,从通孔插装技术到表面贴装技术的变革,出现了多种封装形式,典型封装如图 0.1 所示,有 SOP(small out-line package)小型平面引线式封装、SOJ(small outline j-leaded package)小型平面 J 形引线封装、QFP(plastic quad flat package)方型扁平式封装。

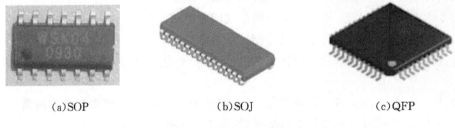

(a)SOP   (b)SOJ   (c)QFP

图 0.1　封装形式示意

封装技术的第二次重大变革是 20 世纪 80 年代中期,从 QFP 贴装技术到 BGA 贴装技术的变革。BGA(ball grid array)球状栅阵电极封装,如图 0.2 所示。BGA 是目前高密度表面贴装技术的主要代表。

图 0.2　BGA   图 0.3　CSP

封装技术的第三次重大变革是 20 世纪 90 年代初期,从 BGA 贴装技术到 CSP(chip size package)芯片尺寸封装技术的变革。20 世纪 90 年代,日本开发的一种接近芯片尺寸的超小型封装即 CSP,如图 0.3 所示,将美国风行一时的 BGA 推向 CSP,成为高密度电子封装技术的主流趋势。

0.3 电子产品开发的一般程序和流程

21 世纪,信息科技、电子技术迅猛发展,电子市场竞争越来越激烈。产品的质量、开发周期及产品的上市周期越来越受到产品开发商的重视。产品不能及时上市,就可能被市场残酷地淘汰。因此,储备的 IT 人才必须了解电子产品的开发流程,使产品开发流程能够起到保证产品功能、性能的情况下缩短产品开发周期。

0.3.1 电子产品开发流程

传统的电子产品开发流程如图 0.4 所示,PCB 的设计依次由电路设计、版图设计、PCB 制作、调试、测试等步骤组成。

在传统的电子产品的开发流程中,采用的 PCB 设计方法简单,产品开发周期较长,研制开发的成本也相应较高。要成功开发一个产品,通常需要 4 轮以上反复的设计过程。

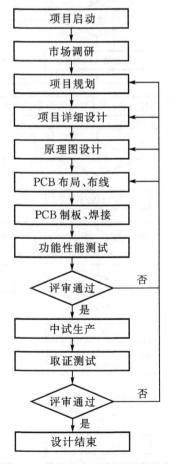

图 0.4 传统的电子产品开发流程

随着计算机技术的发展及电子器件的进一步研究,可以对各种器件进行数学建模,借助计算机软件对其进行分析计算。因此基于产品性能,即信号完整性能、电磁兼容性能、散热性能等分析的高速 PCB 设计流程的引入成为必然,高速 PCB 设计的电子产品开发流程如图 0.5 所示。

从流程图 0.5 中我们可以很明显地看出,与传统的电子产品的开发流程相比,它在 PCB 设计的流程阶段上加了两个重要的设计环节和一个测试验证环节,以计算机模拟仿真技术很好地克服了传统设计流程的不足,大大缩短了电子产品的开发周期。

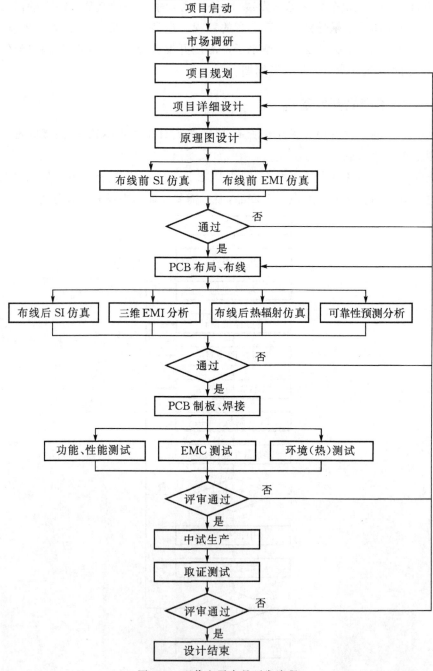

图 0.5 现代电子产品开发流程

0.3.2 电子产品开发的一般程序

概括起来,电子产品的开发一般包括四个阶段。

1. 计划和确定项目——预研阶段

该阶段是设计前的准备,如市场调研,产品相关资料搜集,确定开发计划,明确开发任务,进行项目可行性评审,并形成可行性报告和"新产品开发任务书",包括:

①调查搜集有关资料并加以消化、理解;

②获得相关样品并进行分析,画出电路图,测试其技术性能和相关参数,写出评价资料;

③确定预研方案,为了突破复杂关键技术,减小产品预研的技术风险,寻求最佳方案,要进行一系列的试验,做好原始记录并加以整理分析;

④进行产品的方案设计,并对方案进行理论分析和计算,通过优化设计和必要的试验,提出完整的电路原理图、关键元器件的参数、初步结构等。

2. 产品设计和开发——初样制作阶段

初样制作由于检验设计方案的正确与否,在电路搭试的基础上,制作 PCB 板及样品,初样数量不应少于 6 个。样品完成后,进行各种参数的测试,并做出完整的记录。这些相关记录应是质检部门或其他第三方而不是开发者本人提供的。如果制作的样品取得较为满意的测试结果,则写出初样制作的总结报告,此外还应编制以下文件:

①产品的电原理图;

②印制电路板的布线图、元件布置图;

③元器件明细表(BOM);

④关键元器件采购规范;

⑤生产及试验用的工装和夹具;

⑥成本的初步估算;

⑦产品的技术条件。

初样的性能测试与试验通过后,即验证了设计方案的正确性,则进行初样评审、PCB 板开模评审、结构件开模评审等工作。如初样评审未通过,则重新进行预研,重新制作样板,直到初样评审通过为止。这个阶段的工作一定要仔细。

3. 过程设计和开发——小批试制阶段

定义制造过程,用小批量生产验证设计方案的正确性。如试生产通过,应写出试生产报告,包括研制总结报告、产品技术条件、产品设计图纸、产品结构图纸、工艺技术文件、自制件消耗定额、标准件及外购件清单、产品检验规范、劳动工时和成本核算等。小批量试生产数量不应少于 50 个。

4. 生产性试制阶段——批量试生产阶段

通过批量试生产完善与改进产品的设计文件、工艺文件等全部技术文件,最终达到生产定型的目的。批量试生产数量应为 200~500 件,只有批量试生产取得满意效果才能算是研发工作完成任务。批量试生产后将已形成的文件进行整理,并归档保管。

0.4 先进工艺技术在电子产品生产中的应用

新的电子工艺技术不断满足电子产品的小型化、微型化的需求,并大幅提高产品的可靠性及生产效率,下面简要介绍产品装联、芯片封装、PCB制作和产品检测中的先进工艺技术。

0.4.1 表面贴装技术(SMT)

国外于1985年已全面进入表面贴装(SMT)与多层复合板贴装(MPT)时代。使电路板制造技术更适应高科技的发展。国内比国外晚一些,随着电子产品小型化、微型化的需求驱动,从大型元件发展到微小的贴片元件,如图0.6所示,表面贴装技术(SMT)得以应用。以电阻、电容、二极管、三极管为代表实现贴片生产模式,大规模、高集成IC采用表面贴片工艺。贴片元件的出现利于产品的批量化和生产的自动化。

图0.6 贴片元件

手机电路板和计算机主板的实际电路如图0.7、图0.8所示。随着SMT技术在汽车电子、通信、计算机以及消费电子等产品中的广泛应用,中国的SMT产业必将随着终端产品的发展而快速发展。实际上中国已成为全球重要的SMT设备制造基地之一。

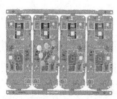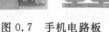

图0.7 手机电路板   图0.8 计算机主板

SMT(表面贴装技术)的应用使电子产品组装密度变高、电子产品体积缩小了45%~60%、重量减轻了65%~80%。从实物图可以看出电路板集成度极高。今后电子产品会继续向小型化及多功能化方向发展,比如3G手机、信息化高清电视等,对表面贴装设备的要求将趋向于更高的稳定性、精确度、灵活性以及相应的封装技术要求。对电子产品各项工艺要求无铅化等。

SMT的应用使产品可靠性获得较大提升,抗振能力增强,焊点合格率提高,产品高频特性更好,减少电磁和射频干扰。SMT的应用实现了免清洗过程,避免了传统的生产过程中产品清洗后排出的废水,带来对水质、大地以及动植物的污染,以及含有氯氟氢的有机溶剂(CFC & HCFC)清洗带来的对空气、大气层的污染和破坏及清洗剂残留对PCB板的腐蚀,提高了产品质量。

▶ 0.4.2 小型球栅阵列封装技术(BGA)

在 20 世纪 80 年代,人们对电子产品小型化和芯片 I/O 引线数提出了更高的要求。虽然 SMT 使电路组装具有轻、薄、短、小的特点,对于具有高引线数的精细间距器件的引线间距以及引线共平面度也提出了更为严格的要求,但是由于受到加工精度、可生产性、成本和组装工艺的制约,一般认为 QFP(plastic quad flat package,方型扁平封装)器件间距的极限为 0.3 mm,这就大大限制了高密度组装的发展。另外,由于精细间距 QFP 器件对组装工艺要求严格,使其应用受到了限制,为此美国一些公司就把注意力放在开发和应用比 QFP 器件更优越的 BGA 器件上。

BGA 技术的研究始于 20 世纪 60 年代,最早被美国 IBM 公司采用,但一直到 90 年代初,BGA 才真正进入实用化的阶段。

BGA 是集成电路采用有机载板的一种封装法,被广泛应用于集成电路的封装,如 FPGA/CPLD 主板、手机芯片等。

BGA 的特点如下:

①封装面积减少;

②功能加大,引脚数目增多;

③PCB 板熔焊时能自动居中,易上锡;

④可靠性高;

⑤电性能好,整体成本低等特点。

▶ 0.4.3 芯片尺寸封装技术(CSP)

CSP 封装是新一代的内存芯片封装技术,其技术性能又有了新的提升。CSP 封装可以让芯片面积与封装面积之比超过 1∶1.14,已经相当接近 1∶1 的理想情况,绝对尺寸也仅有 32 mm²,约为普通 BGA 的 1/3,仅仅相当于 TSOP 内存芯片面积的 1/6。与 BGA 封装相比,同等空间下 CSP 封装可以将存储容量提高 3 倍。CSP 封装具有以下特点。

(1)体积小

CSP 是各种封装中面积最小,厚度最小,因而是体积最小的封装。在输入/输出端数相同的情况下,它的面积不到 0.5 mm 间距 QFP 的 1/10,是 BGA(或 PGA)的 1/3 到 1/10。因此,大幅度提高了印制板的组装密度。厚度薄,使之可用于薄形电子产品的组装。

(2)输入/输出端数可以很多

CSP 的输入/输出端数可以比相同尺寸的各类封装做得更多。例如,对于 40 mm×40 mm 的封装,QFP 的输入/输出端数最多为 304 个,BGA 的最多做到 600~700 个,而 CSP 的很容易达到 1000 个。

(3)电性能好

CSP 内部的芯片与封装外壳布线间的互连线的长度比 QFP 或 BGA 短得多,因此寄生参数小,信号传输延迟时间短,有利于改善电路的高频性能。

(4)热性能好

CSP 很薄,芯片产生的热能以很短的路径传到外界。通过空气对流或加装散热器可以有效实现芯片的快速散热。

(5)重量轻

相同引线数,CSP 的重量为 QFP 的 1/5 以下,比 BGA 少得更多。这对航空、航天以及对重量有严格要求场合的产品极为有利。

(6)CSP 电路性能优

跟其他封装的电路一样,CSP 电路可以进行测试、老化筛选,因而可以淘汰掉早期失效的电路,提高了电路的可靠性;另外,CSP 也可以气密封装,因而可保持气密封装电路的优点。

CSP 技术使得大芯片(芯片功能更多,性能更好,芯片更复杂)替代以前的小芯片时,其封装体占用印刷板的面积保持不变或更小。由于 CSP 产品的封装体积小、薄,因此它在手持式移动电子设备中迅速获得了应用。1996 年 8 月,日本夏普公司就开始了批量生产 CSP 产品;1996 年 9 月,日本索尼公司开始用日本 TI 和 NEC 公司提供的 CSP 产品组装摄像机;1997 年,美国也开始生产 CSP 产品。世界上有几十家公司可以提供 CSP 产品,各类 CSP 产品品种达一百多种。

⚑ 0.4.4　印制电路板设计技术

将电路制作到实际的电路板上是整个电子产品生产中最重要的,这项技术最早是手工绘制印制版图,在掌握每一种电子元件、器件的实际尺寸后完成布线工作。计算机得到广泛应用后,设计印制板电路采用各种制作软件给予实现。常用的软件有 Protel99、Protel DXP、Power PCB等,各种电路仿真软件例如 Multisim、PSPICE 等使印制电路板设计质量得到不断提高,产品开发周期大大缩短。

⚑ 0.4.5　印制电路板制造技术

对于简单电路利用单面、双面印制板制造技术,对于极为复杂的电路使用多层板制造技术,减小产品体积,提高电路的可靠性。多层板制造技术虽然制造难度较大,目前在国内应用较广,但是印制板制造企业以技术先进的日本、我国台湾省在我国大陆地区投资建设的制板企业较多。

⚑ 0.4.6　先进的检测技术

检测技术在实际生产中应用十分广泛,各种电子元器件的检测、集成电路的检测、各种印制电路板的焊接检测、电路板的电路功能的检测、整机性能检测,可以说每种检测都非常重要,都与产品质量密切相关。在现代检测技术中计算机发挥了巨大的作用,以集成电路焊接检测为例,将完好的电路板样品作为标准输入到计算机中,对大量的电路板进行点对点的对比测试,以检验电路板的焊接质量。在整机电路测试中,制作专用的测试工装,设定好整机标准参数,利用计算机编好测试程序,逐一对电路进行测试,保证整机测试质量。

第1章　安全用电与配电工艺

在现代科学技术高度发展的今天,电在工业、农业、医疗及人们日常生活中被广泛使用,已经到了离不开它的地步。与此同时,电气所带来的不安全事故也不断发生。为了实现电气安全,对电网本身的安全进行保护的同时,更要重视用电的安全问题。因此,学习安全用电基本知识,掌握常规触电防护技术,是保证用电安全的有效途径。

1.1　电能传输与配电

发电厂生产的电必须经过传输才能到达用户所在地,再经过配电将电能分配给用户使用。

1.1.1　电力系统概述

电力系统:电能的生产、输送、分配和使用几乎是在同一瞬间完成的,实现这个全过程的各个环节构成了一个有机联系的整体,这个整体就称为电力系统,即由发电厂、电力网和电能用户组成的一个发电、输电、变电、配电和用电的整体。各种类型的发电厂发出的电力通过输电、变电和配电才能将其送给电力用户使用。这一过程如图1.1所示。

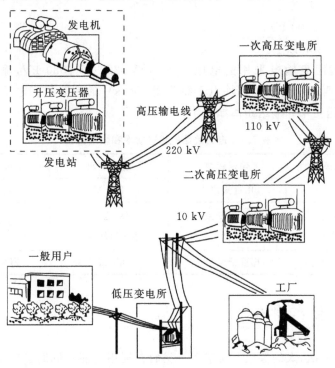

图 1.1　电力系统

发电：电力是通过一定的技术手段从其他形式能源转换而来的能源，这个转换过程就被称为发电。目前，用于发电的主要能源是煤、石油、天然气、水力、风能、潮汐、地热、太阳能、核能和生物能等。

输电：指从发电厂通过主干渠道向消费电能地区输送大量电力，或不同电网之间通过联络渠道的电能互送。

变电：为了减小输电线路上的电能损耗及线路阻抗压降，需要将电压升高；为了满足电力用户安全的需要，又要将电压降低，这就需要升高和降低电压，这一过程称为变电。

配电：指在消费电能地区内，将电力分配给各用户。

1.1.2 电力网的组成

电力网：是输送、变换和分配电能的网络。由输电线路和变配电所组成，分为输电网和配电网。通常把在 35 kV 及以上的高压线路称为输电线路，而把 10 kV 及以下的电力线路称为配电线路。

输电网：由 35 kV 以上的输电线路和与其连接的变电所组成，其作用是将电能输送到各个地区的配电网或直接送给大型企业用户。

配电网：由 10 kV 及以下的配电线路和配电变压器组成，其作用是将电能送给各类用户。一般将 3 kV、6 kV、10 kV 的电压称为配电电压。

电力网的电压等级分五级：

①低压：1 kV 以下；

②中压：1～10 kV；

③高压：10～330 kV；

④超高压：330～1000 kV；

⑤特高压：1000 kV 以上。

我国常用的远距离输电采用的电压有 110 kV、220 kV、330 kV，输电干线一般采用 500 kV 的超高压，西北电网新建的输电干线采用 750 kV 的超高压。电压越高，输送距离越远，电力线路的输送功率和输送距离如表 1.1 所示。

表 1.1 电力线路的输送功率和输送距离

输送功率	输送距离	送电电压	送电方式
100 千瓦以下	几百米以内	220 V	低压送电
几千千瓦 至几万千瓦	几十千米 至上百千米	35 kV 或者 110 kV	高压送电
10 万千瓦以上	几百千米以上	220 kV 或更高	超高压送电

1.2 触电与人身安全

人的生命只有一次，人的健康非常宝贵。我们在利用电能的同时必须了解电可能对人身造成的危害。电对人体的伤害有三种：电击、电伤和电磁场。触电即指电击、电伤。电磁场生理伤害是指在高频磁场的作用下,人会出现头晕、乏力、记忆力减退、失眠、多梦等神经系统的症状。

1.2.1 触电伤害

当发生触电时,人体全身的肌肉组织发生紧张的收缩,心脏也会麻木失去跳动的能力,呼吸也会发生困难,甚至停止呼吸,即产生休克或致死。触电使人遭到的伤害程度与很多因素有关。所以,我们难以断定在哪种情况下会遭到何种程度的伤害。触电的伤害,分为电击和电伤两种。

1. 电击

电击指电流通过人体内部,破坏人的心脏、肺部、神经系统等内部组织,影响呼吸系统、心脏及神经系统的正常功能,使人出现痉挛、呼吸窒息、心颤、心跳骤停甚至死亡。

2. 电伤

电伤指电对人体外部造成局部外表创伤,即由电流的热效应、化学效应、机械效应对人体外部组织或器官的伤害,如灼伤、电烙伤和皮肤金属化。电伤是非致命的伤害,会在皮肤表面留下明显的伤痕。

在触电事故中,往往电击和电伤会同时发生。

1.2.2 决定触电伤害程度的因素

触电的伤害程度,主要决定于下列因素:
①与流经人体电流的大小、通电时间长短有关;
②与电压的高低有关;
③与电源的频率有关;
④与所处的环境有关;
⑤与人的健康状况有关等等。

1. 电流的大小

通过人体的电流越大,人体的生理反应就越明显,感应就越强烈,引起心室颤动所需的时间就越短,致命的危害就越大。按照通过人体电流的大小和人体所呈现的不同状态,工频交流电大致分为下列三种:
①感觉电流:指引起人的感觉的最小电流(1~3 mA)。
②摆脱电流:指人体触电后能自主摆脱电源的最大电流(10 mA)。
③致命电流:指在较短的时间内危及生命的最小电流(30 mA)。
电流对人体的作用见表1.2。

表 1.2 电流对人体的作用

电流(mA)	电流对人体的作用
<0.7	无感觉
1	有轻微感觉
1~3	有刺激感,一般电疗仪范围
3~10	感到痛苦,但可自行摆脱
10~30	引起肌肉痉挛,短时间无危险
30~50	强烈痉挛,超过 60 秒有生命危险
50~250	产生心脏室性纤颤,丧失知觉,严重危害生命
>250	短时间内(1 秒以上造成)心脏骤停,体内造成电灼伤

2. 电流的类型

电流的种类不同对人体造成的伤害也不同。交流电的危害性大于直流电,因为交流电主要是麻痹破坏神经系统,往往难以自主摆脱。一般认为 40~60 Hz 的交流电对人最危险。随着频率的增加,危险性将降低。当电源频率大于 2000 Hz 时,所产生的损害明显减小,但高压高频电流对人体仍然是十分危险的。

3. 电流的作用时间

人体触电时,通过电流的时间越长越易造成心室颤动,生命危险性就愈大。据统计,触电 1~5 分钟内急救,90% 有良好的效果,10 分钟内有 60% 的救生率,如果超过 15 分钟则生存希望甚微。触电保护器的一个主要指标就是额定断开时间与电流乘积小于 30 mA·s。实际产品一般额定动作电流 30 mA,动作时间 0.1 s,故小于 30 mA·s 可有效防止触电事故。

4. 电流路径

电流通过的部位不同,对人体的伤害也不同。电流通过头部可使人昏迷;通过脊髓可能导致瘫痪;通过心脏会造成心跳停止,血液循环中断;通过呼吸系统会造成窒息。因此,从左手到胸部是最危险的电流路径;从手到手、从手到脚也是很危险的电流路径;从脚到脚是危险性较小的电流路径。

5. 人体电阻

人体电阻是不确定的电阻,皮肤干燥时一般为 100 kΩ 左右,而一旦出汗潮湿时可降到 1 kΩ。人体是一个非线性电阻,阻值随电压升高而减小,表 1.3 给出了人体电阻与电压的关系。人体不同,对电流的敏感程度也不一样,一般来讲,儿童较成人敏感,女性较男性敏感。患有心脏病者,触电后的死亡可能性会更大。

表 1.3 人体电阻与电压的关系

电压/V	1.5	12	31	125	220	380	1000
电阻/kΩ	>100	16.5	11	3.5	2.2	1.47	0.64
电流/mA	忽略	0.8	2.8	35	100	268	1560

6. 安全电压

安全电压是指人体不戴任何防护设备时,触及带电体不受电击或电伤的电压值。人体触电的本质是电流通过人体产生了有害效应,然而触电的形式通常都是人体的两部分同时触及了带电体,而且这两个带电体之间存在着电位差。因此在电击防护措施中,就是要将流过人体的电流限制在无危险范围内,也即将人体能触及的电压限制在安全的范围内。国家标准制定了安全电压系列,称为安全电压等级或额定值,这些额定值指的是交流有效值,分别为:42 V、36 V、24 V、12 V、6 V 等几种。

安全电压(我国规定不超过 36 V),并不是绝对的,会因人、因地、因环境条件所改变。即使在安全范围内,如果周围环境条件发生了变化,安全电压也会变成危险电压,导致触电事故的发生。

1.2.3　人体触电方式

人体触电方式有直接或间接接触带电体以及跨步电压触电,直接接触又可分为单极接触和双极接触。

1. 单极接触

当人站在地面上或其他接地体上,人体的某一部位触及一相带电体时,电流通过人体流入大地(或中性线),称为单极触电。图 1.2(a)所示为电源中性点接地运行方式时,单相的触电电流途径。图 1.2(b)所示为中性点不接地的单相触电情况。一般情况下,接地电网里的单相触电比不接地电网里的危险性大。

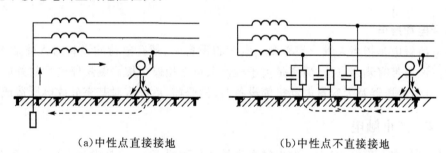

(a)中性点直接接地　　　　　　　(b)中性点不直接接地

图 1.2　单相触电

2. 双极触电

双极触电是指人体两处同时触及同一电源的两相带电体,以及在高压系统中,人体距离高压带电体小于规定的安全距离,造成电弧放电时,电流从一相导体流入另一相导体的触电方式,如图 1.3 所示。两相触电加在人体上的电压为线电压,因此不论电网的中性点接地与否,其触电的危险性都最大。

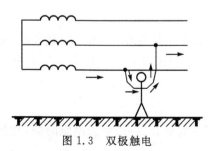

图 1.3　双极触电

3.跨步电压触电

当带电体接地时有电流向大地流散,在以接地点为圆心,半径 20 m 的圆面积内形成分布电位。人站在接地点周围,两脚之间的电位差称为跨步电压 U_k,如图 1.4 所示,由此引起的触电事故称为跨步电压触电。高压故障接地处或有大电流流过的接地装置附近都可能出现较高的跨步电压。离接地点越近、两脚距离越大,跨步电压值就越大。一般 10 m 以外就没有危险。

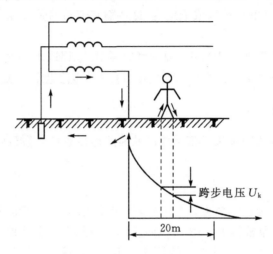

图 1.4 跨步电压触电

4.剩余电荷触电

剩余电荷触电是指当人触及带有剩余电荷的设备时,带有电荷的设备对人体放电造成的触电事故。设备带有剩余电荷,通常是由于检修人员在检修中摇表测量停电后的并联电容器、电力电缆、电力变压器及大容量电动机等设备时,检修前、后没有对其充分放电所造成的。

1.2.4 防止触电

防止触电是安全用电的核心,发生触电事故的原因很多,主要是没有掌握或未完全掌握它的规律而又麻痹大意、草率从事;其次是有些用电设备没有安全保护装置,加之绝缘部位年久失修,保护不善,使它的带电部分接地短路,当人们不小心而碰触到它时,就会遭到触电伤害;再者是缺乏用电常识,遇事惊慌失措,触电后不知如何摆脱现场,致使伤害程度加重,伤亡惨痛。

防止触电最重要的是安全意识,没有一种措施或保护器是万无一失的,以下给出的几点是最基本的有效措施。

1.安全制度

建立健全安全规章制度,如安全操作规程、电气安装规程、运行管理规程、维护检修制度等,并在实际工作中严格执行。严格遵守安全制度是保证人身安全的基本保障,几乎所有事故都伴随着违反安全制度而发生。

2.安全措施

①绝缘防护。正常情况下带电部分,一定要加绝缘防护,并且置于人不易碰到的地方,如

配电盘、电源板、输电线等。

②停电检修。在线路上作业或检修设备时,应确保在断电情况下进行。

③安装漏电保护器等自动断电装置。

④防止绝缘老化、破损。定期检查测量电器插头、电线,发现问题及时更换。

⑤使用经检验合格的绝缘工具及护具,手动电动工具尽量使用安全电压工作。

⑥任何情况下检修线路或设备时,都要确保在断电情况下进行。

确保断电的工作程序:停电→验电→挂短路接地线→装设遮拦及标牌。

⑦不要湿手开关、插拔电源。

⑧遇到不明情况的电线,应先认为它带电。

⑨养成单手操作的工作习惯。

⑩电气工作人员须精神正常、身体健康,无妨碍电气工作的病症,并应经医院检查合格,以后每隔两年体检一次。不在疲倦、生病的情况下从事电工作业。

⑪遇到大的储能元件时,先放电,再进行检修。

(4)安全产品

注意使用选择通过国家安全检验权威部门认证的产品。比较常见的产品认证有:中国CCC(以前长城认证)、欧盟 CE、美国 UL、德国 GS、加拿大 CSA、日本 PSE 等等。认证标志如图 1.5 所示。

CCC 为英文 China Compulsory Certification 的缩写,意为"中国强制认证",也可简称为"3C"。是我国对涉及安全、电磁兼容、环境保护要求的产品实施强制性产品认证制度。主要产品包括家用电器、汽车、摩托车、信息技术、电信终端、照明设备、电线电缆、医疗器械、玩具等产品。

中国 CCC　　欧盟 CE　　美国 UL　　德国 GS　　加拿大 CSA　　日本 PSE

图 1.5　认证标志

1.2.5　静电、雷电、电磁危害的防护措施

1. 静电的防护

生产工艺过程中的静电可以造成多种危害。在挤压、切割、搅拌、喷溅、流体流动、感应、摩擦等作业时都会产生危险的静电,由于静电电压很高,又易发生静电火花,所以特别容易在易燃易爆场所中引起火灾和爆炸。

静电防护一般采用静电接地,增加空气的湿度,在物料内加入抗静电剂,使用静电中和器和工艺上采用导电性能较好的材料,降低摩擦、流速、惰性气体保护等方法来消除或减少静电产生。

2. 雷电的防护

雷电危害的防护一般采用避雷针、避雷器、避雷网、避雷线等装置将雷电直接导入大地。

避雷针主要用来保护露天变配电设备、建筑物和构筑物;避雷线主要用来保护电力线路;避雷网和避雷带主要用来保护建筑物;避雷器主要用来保护电力设备。

3. 电磁危害的防护

电磁危害的防护一般采用电磁屏蔽装置。高频电磁屏蔽装置可由铜、铝或钢制成。金属或金属网可有效地消除电磁场的能量,因此可以用屏蔽室、屏蔽服等方式来防护。屏蔽装置应有良好的接地装置,以提高屏蔽效果。

1.2.6 触电急救

发生触电事故时,一定要保持冷静,尽快使触电者脱离电源,防止抢救者再次触电。触电者脱离电源后如果仍有呼吸、心跳,应尽快送医院救治。如果呼吸停止,应采用口对口人工呼吸;如果心跳停止,应采用胸外压心法急救,并及时拨打 120 急救电话。

1. 脱离电源

人在触电后可能由于失去知觉或超过人的摆脱电流而不能自己脱离电源,此时抢救人员,要在保护自己不触电的情况下使触电者脱离电源。

①如果接触电器触电,应立即断开近处的电源,就近拔掉插头,断开开关或打开保险盒。

②如果碰到破损的电线而触电,附近又找不到开关,可用干燥的木棒、竹竿、手杖等绝缘工具把电线挑开,挑开的电线要放置好,防止人再触到。

③如一时不能实行上述方法,触电者又趴在电器上,可隔着干燥的衣物、橡胶垫等将触电者拉开或推开。

④在脱离电源过程中,如触电者在高处,要防止脱离电源后跌伤而造成二次受伤。

⑤在使触电者脱离电源的过程中,抢救者要防止自身触电。

2. 症状的判断与急救措施

触电者脱离电源后,施救者应迅速判断其症状,根据其受电流伤害的程度,采用相应的急救方法。

①判断触电者有无知觉。有知觉、有呼吸和心跳者,保证呼吸道畅通,在空气流通的地方,平躺休息,禁止走动、严密观察。

②判断呼吸是否停止,如果呼吸停止则应立即进行人工呼吸。

③判断脉搏是否搏动,如果停止则应立即施行胸外挤压。

④判断瞳孔是否放大。

人体触电后通常会出现面色苍白、瞳孔放大、脉搏和呼吸停止等现象,一般属于假死现象,只要及时采取人工呼吸和胸外挤压法进行急救,并及时送往医院,多数触电者都可获救。

3. 急救方法

(1)人工呼吸法

人生命的维持,主要靠心脏跳动而产生血液循环,通过呼吸而形成氧气与废气的交换。如果触电人伤害较严重,失去知觉,停止呼吸,但心脏微有跳动,就应采用如图 1.6 所示的口对口的人工呼吸法。具体做法如下:

① 迅速解开触电人的衣服、裤带,松开上身的衣服、胸罩和围巾等,使其胸部能自由扩张,不妨碍呼吸。

② 使触电人仰卧,不垫枕头,头先侧向一边清除其口腔内的血块、假牙及其他异物等。

③ 救护人员位于触电人头部的左边或右边,用一只手捏紧其鼻孔,不使漏气,另一只手将其下巴拉向前下方,使其嘴巴张开,嘴上可盖上一层纱布,准备接受吹气。

④ 救护人员做深呼吸后,紧贴触电人的嘴巴,向他大口吹气。同时观察触电人胸部隆起的程度,一般应以胸部略有起伏为宜。

⑤ 救护人员吹气至需换气时,应立即离开触电人的嘴巴,并放松触电人的鼻子,让其自由排气。这时应注意观察触电人胸部的复原情况,倾听口鼻处有无呼吸声,从而检查呼吸是否阻塞。

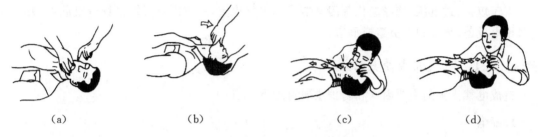

（a）　　　　　（b）　　　　　（c）　　　　　（d）

图 1.6　口对口(鼻)人工呼吸法

口诀:张口捏鼻手抬颌,深吸缓吹口对紧;

　　　张口困难吹鼻孔,5 秒一次坚持吹。

(2)人工胸外挤压心脏法

若触电者心脏和呼吸都已停止,人完全失去知觉,则需同时采用口对口人工呼吸和人工胸外挤压两种方法。如果现场仅有一个人抢救,可交替使用这两种方法,先胸外挤压心脏 4～6 次,然后口对口呼吸 2～3 次,再挤压心脏,反复循环进行操作。人工胸外挤压心脏的具体操作步骤如下:

① 解开触电人的衣裤,清除口腔内异物,使其胸部能自由扩张。

② 使触电人仰卧,姿势与口对口吹气法相同,背部着地处的地面必须牢固。

③ 救护人员位于触电人一边,最好是跨跪在触电人的腰部,将一只手的掌根放在心窝稍高一点的地方(掌根放在胸骨的下三分之一部位),中指指尖对准锁骨间凹陷处边缘,如图 1.7 (a)、(b)所示,另一只手压在这只手上,呈两手交叠状(对儿童可用一只手)。

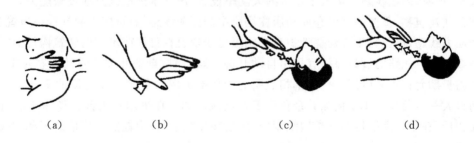

（a）　　　　　（b）　　　　　（c）　　　　　（d）

图 1.7　心脏挤压法

④ 救护人员找到触电者的正确压点,自上而下,垂直均衡地用力挤压,如图 1.7(c)、(d)所示,压出心脏里面的血液,注意用力适当。

⑤ 挤压后,掌根迅速放松(但手掌不要离开胸部),使触电者胸部自动复原,心脏扩张,血

液又回到心脏。

口诀:掌根下压不冲击,突然放松手不离;

　　　手腕略弯压一寸,一秒一次较适宜。

1.3 电气火灾及消防

由于短路、过电压、绝缘老化等因素造成的电气火灾,一方面对系统自身造成危害,另一方面对用电设备、环境和人员造成危害。

1.3.1 电气火灾及其预防

造成电气火灾的主要因素和防护主要有如下几点。

1. 漏电

所谓漏电,就是线路的某处因某种原因(风吹、雨打、日晒、受潮、碰压、划破、摩擦、腐蚀等)使电线的绝缘性变差,导致线与线、线与地有部分电流通过。漏泄的电流在流入大地途中,如遇电阻较大的部位(如钢筋连接部位),会产生局部高温,致使附近的可燃物着火,引起火灾。

要防范漏电,首先要在设计和安装上做文章。导线和电缆的绝缘强度不应低于网路的额定电压,绝缘子也要根据电源的不同电压选配。其次,在潮湿、高温、腐蚀场所内,严禁绝缘导线明敷,应使用套管布线;多尘场所,要经常打扫线路。第三是要尽量避免施工中的损伤,注意导线连接质量;活动电器设备的移动线路应采用铝装套管保护,经常受压的地方用钢管暗敷。第四是安装漏电保护器和经常检查线路的绝缘情况。

2. 过载

电气线路中允许连续通过而不至于使电线过热的电流量,称为安全载流量或安全电流。如导线流过的电流超过了安全载流量,就叫导线过载。一般导线最高允许工作温度为65℃。过载时,温度超过该温度,会使绝缘迅速老化甚至产生线路燃烧。

发生过载的主要原因有导线截面选择不当,实际负载已超过了导线的安全电流;还有"小马拉大车"现象,即在线路中接入了过多的大功率设备,超过了配电线路的负载能力。

在公共建筑物、重要的物资仓库和居住场所中的照明线路,有可能引起导线或电缆长时间过载的动力线路,以及采用有延烧性护套的绝缘导线敷设在可燃或难烧的建筑构件上时,都应采取过载保护。线路的过载保护宜采用自动开关。运行时,自动开关延时动作整定电流不应大于线路长期允许负载电流。一般单相照明的动作电流应为负载工作电流的2倍,三相动力电则为最大一台负荷的1.5倍加其余负荷工作电流之和。在采用自动开关作保护装置时,其电流脱扣器,在中性点接地的三相四线制中,应装在相线上;在中性点不接地的三相四线制中,允许安装在二相上;不接地的二相二线制中,允许安装在一相上。

3. 短路

电气线路上,由于种种原因导致不同电位的导电体相接或相碰,产生电流忽然增大的现象称短路。相线之间相碰叫相间短路;相线与地线、与接地导体或与大地直接相碰叫对地短路。在短路电流忽然增大时,其瞬间放热量很大,大大超过线路正常工作时的发热量,不仅能使绝缘烧毁,而且能使金属熔化,引起可燃物燃烧发生火灾。

造成短路的主要原因有:

①线路老化,绝缘破坏而造成短路;

②电源过电压,造成绝缘击穿;

③小动物(如蛇、野兔、猫等)跨接在裸线上;

④人为地乱拉乱接电线;

⑤室外架空线线路松弛,大风作用下碰撞;

⑥线路安装过低与各种运输物品或金属物品相碰造成短路。

防止短路火灾,首先要严格按照电力规程进行安装、维修,根据具体环境选用合适导线和电缆。其次,强化维修管理,尽量减少人为因素,经常用仪表测量电线的绝缘程度。第三要选用合适的安全保护装置。当采用熔断器保护时,熔体的额定电流不应大于线路长期允许负载电流的 2.5 倍;用自动开关保护时,瞬时动作过电流脱扣器的整定电流不应大于线路长期允许负载电流的 4.5 倍。熔断器应装在引线上,变压器的中性线上不允许安装熔断器。

防止电气火灾,还要注意线路电器负荷不能过高,要选择足够的导线截面,防止发热量过大而引起危险。注意电器设备安装位置距易燃可燃物不能太近,注意电气设备运转是否异常,注意防潮等等。

1.3.2　电气火灾消防常识

电气灭火分为断电灭火和带电灭火两种情况。

1. 断电灭火

由于带电燃烧的危险性很大,当电器、电网等发生火灾时,首先应切断电源,然后再灭火。火灾较小、火灾面积不大,用附近消防器材可熄灭的火灾,应断开距火源较近的电源;而火势较猛、火灾面积较大,用附近消防器材难以熄灭的火灾应断开距火源较远的电源。

2. 带电灭火

如果火势凶猛,来不及断电,为争取灭火时机,可采用带电灭火。进行带电灭火时,人体与带电体之间应保持一定的安全距离,不仅防止触及带电体造成的触电,还要防止带电体断落地面,跨步电压导致的触电。灭火时使用砂土、二氧化碳或四氯化碳等不导电灭火介质,忌用泡沫和水进行灭火。

特殊电子设备的灭火:

(1)充油设备

首先应切断电源,设备外部起火时,可用二氧化碳、卤化烷等灭火剂;再将设备内部的油导入事故蓄油池或其他安全地方,防止火灾蔓延,然后用灭火剂灭火。

(2)同步电机

同步电机起火时,在切断电源的同时,切除励磁回路,并迅速灭磁。

1.3.3 消防口诀

理解并熟记下列消防口诀,可起到防灾减灾的作用。

防火常识进校园,自防自救保安全。

查找隐患堵漏洞,消防安全有保证。

吸烟烧香点蜡烛,远离床铺可燃物。

汽车加油要注意,不准吸烟打手机。

家庭防火注意啥,煤气电源勤检查。

家用电器看管好,家中莫存爆炸物。

离家外出仔细查,关掉煤气拉电闸。

装修材料要非燃,刷漆离开着火源。

电器着火不要怕,快把电闸去拉下。

煤气泄漏别慌张,快关阀门快开窗。

油锅着火别着急,捂盖严实火窒息。

火灾若起心莫急,冷静应对最有利。

切莫贪图身外物,保全生命应为先。

有毒气体易上升,爬低身体捂口鼻。

进入建筑四处瞅,注意安全出入口。

勿忘火警119,危险时刻真朋友。

1.4 安全用电技术简介

安全是人类生存的基本条件之一,电是现代物质文明的基础,但触电和电气事故是现代社会不可忽视的灾害之一,长期以来,积累了安全用电的常识和技术,我们需要了解并正确使用这些技术,保证安全。

1.4.1 低压配电系统的形式

低压配电系统是电力系统的末端,分布广泛,几乎遍及建筑的每一角落,使用最多的是380V/220V的低压配电系统。接地保护和接零保护是最基本的安全用电措施。从安全用电等方面考虑,低压配电系统按接地形式不同分为三种:IT系统、TT系统、TN系统。

1. IT 系统

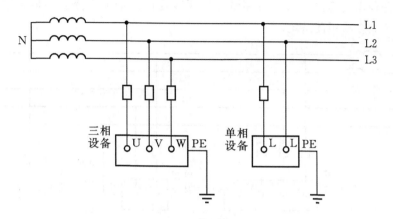

图 1.8　IT 系统接地

　　IT 系统如图 1.8 所示，其电源中性点不接地，而用电设备外壳直接接地。IT 系统中，连接设备外壳可导电部分和接地体的导线，就是 PE 线。

2. TT 系统

　　TT 系统如图 1.9 所示，其电源中性点直接接地、用电设备外壳也直接接地。通常将电源中性点的接地叫做工作接地，而设备外壳接地叫做保护接地。TT 系统中，这两个接地必须是相互独立的。设备接地可以是每一设备都有各自独立的接地装置，也可以若干设备共用一个接地装置，图 1.9 中单相设备和单相插座就是共用接地装置的。

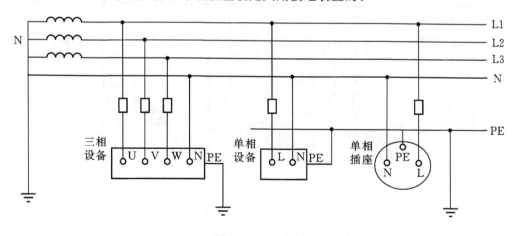

图 1.9　TT 系统接地

3. TN 系统

　　TN 系统即电源中性点直接接地、设备外壳等可导电部分与电源中性点有直接电气连接的系统，它有三种形式：TN-S 系统、TN-C 系统和 TN-C-S 系统，下面分别进行介绍。

　　(1)TN-S 系统

　　TN-S 系统如图 1.10 所示。中性线 N 与 TT 系统相同，在电源中性点工作接地，而用电设备外壳等可导电部分通过专门设置的保护线 PE 连接到电源中性点上。在这种系统中，中性线 N 和保护线 PE 是分开的。TN-S 系统的最大特征是 N 线与 PE 线在系统中性点分开后,不能再有任何电气连接。TN-S 系统是我国现在应用最为广泛的一种系统(又称三相五线制)。新楼宇大多采用此系统。

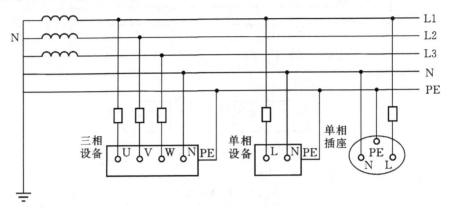

图 1.10　TN-S 系统接地

(2)TN-C 系统

TN-C 系统如图 1.11 所示,它将 PE 线和 N 线的功能综合起来,由一根称为保护中性线 PEN,同时承担保护线和中性线两者的功能。在用电设备处,PEN 线既连接到负荷中性点上,又连接到设备外壳等可导电部分。此时注意火线(L)与零线(N)要接对,否则外壳要带电。

TN-C 现在已很少采用,尤其是在民用配电中已基本上不允许采用 TN-C 系统。

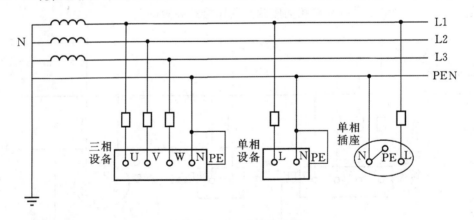

图 1.11　TN-C 系统接地

(3)TN-C-S 系统

TN-C-S 系统是 TN-C 系统和 TN-S 系统的结合形式,如图 1.12 所示。TN-C-S系统中,从电源出来的那一段采用 TN-C 系统只起电能的传输作用,到用电负荷附近某一点处,将 PEN 线分开成单独的 N 线和 PE 线,从这一点开始,系统相当于 TN-S 系统。TN-C-S系统也是现在应用比较广泛的一种系统。这里采用了重复接地这一技术。此系统在旧楼改造适用。

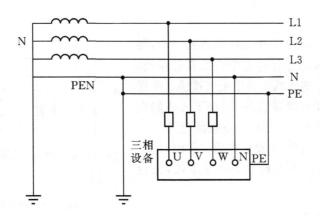

图 1.12　TN－C－S系统接地

为降低因绝缘破坏而遭到电击的危险,对于以上不同的低压配电系统形式,电气设备常采用保护接地、保护接零、重复接地等不同的安全措施。

1.4.2　接地和接零保护

为了确保用电安全,减少触电的伤亡事故,我们应严格遵守用电的安全规定,严格按照操作规定进行工作,克服麻痹大意的思想,把触电伤亡事故减少到最低程度,对于高压电气设备,都必须采取保护接地、重复接地和保护接零的安全措施,对于由于静电感应有火花放电现象产生的设备中,应采取防雷击和静电接地装置。

1.保护接地

按功能分,接地可分为工作接地和保护接地。工作接地是指电气设备(如变压器中性点)为保证其正常工作而进行的接地;保护接地是指为保证人身安全,防止人体接触设备外露部分而触电的一种接地形式,保护接地原理如图 1.13 所示。在中性点不接地系统中,设备外露部分(金属外壳或金属构架),必须与大地进行可靠电气连接,即保护接地。

接地装置由接地体和接地线组成,埋入地下直接与大地接触的金属导体,称为接地体,连接接地体和电气设备接地螺栓的金属导体称为接地线。接地体的对地电阻和接地线电阻的总和,称为接地装置的接地电阻。

保护接地常用在 IT 低压配电系统和 TT 低压配电系统的形式中。

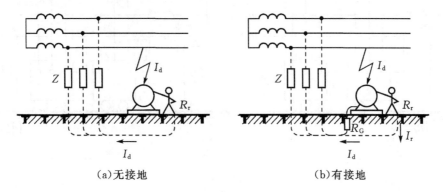

（a）无接地　　　　　　　　　　（b）有接地

图 1.13　保护接地原理图

2. 保护接零

保护接零是指在电源中性点接地的系统中,将设备需要接地的外露部分与电源中性线直接连接,相当于设备外露部分与大地进行了电气连接。使保护设备能迅速动作断开故障设备,减少了人体触电危险。保护接零适用于 TN 低压配电系统型式。

保护接零的工作原理:当设备正常工作时,外露部分不带电,人体触及外壳相当于触及零线,无危险,如图 1.14 所示。

采用保护接零时注意:

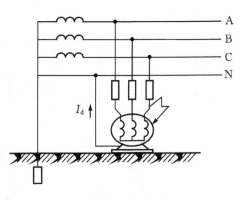

图 1.14 保护接零原理图

①同一台变压器供电系统的电气设备不宜将保护接地和保护接零混用,而且中性点工作接地必须可靠。

②保护零线上不准装设熔断器。

接地保护和接零保护的区别:将金属外壳用保护接地线(PEE)与接地极直接连接的叫接地保护;当将金属外壳用保护线(PE)与保护中性线(PEN)相连接的则称之为接零保护。

注意接零保护是用在电源中性点接地的系统中,将设备需要接地的外露部分与电源中性线直接连接,相当于设备外露部分与大地进行了电气连接。接地保护用在中性点不接地系统中,设备外露部分(金属外壳或金属构架)必须与大地进行可靠电气连接。

3. 重复接地

在电源中性线做了工作接地的系统中,为确保保护接零的可靠,还需相隔一定距离将中性线或接地线重新接地,称为重复接地。

从图 1.15(a)可以看出,仅 A 点接地一旦中性线断线,若其后一台设备外壳带电,则所有设备的外壳也都会带电,人体触及同样会造成触电。而在重复接地的系统中,如图 1.15(b)所示 A、B 点重复接地,即使出现中性线断线,但因重复接地而使故障电流通过 R_3、R_1 回到零点,减小对人体的伤害,但这时的保护效果要比不断线差。应尽量避免中性线或接地线出现断线的现象。

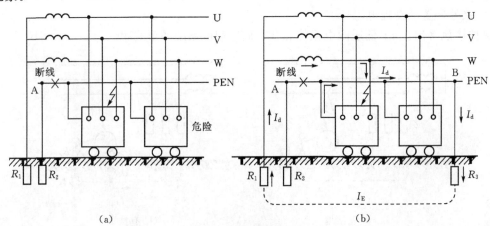

(a)   (b)

图 1.15 重复接地作用

以上分析的电击防护措施是从降低接触电压方面进行考虑的。但实际上这些措施往往还不够完善,需要采用其他保护措施作为补充。例如,采用漏电保护器、过电流保护电器等措施。

1.5　常用开关电器与配电实例

下面简要介绍几种常用的开关电器和一个配电实例。

1.5.1　常用开关电器

开关电器简称电器,是根据外界特定信号或要求,手动或自动接通或断开电路,断续或连续地改变电路参数,实现对电路或非电路对象的切换、控制、保护、检测、变换和调节用的电气设备。简单来说,电器就是一种能控制电路的装置。各类电器在电力输配电系统、电力传动系统和自动控制设备中被广泛应用。

开关电器的分类有很多种。按照电路中电压类型可以分为交流电器和直流电器;按照使用电路的额定电压高低分类,额定工作电压高于交流 1200 V,或直流 1500 V 的称为高压电器,反之称为低压电器。按照用途不同可以分为配电电器、控制电器、主令电器等。

从结构上看,电器一般都有感测和执行两个基本组成部分。感测部分接受外界输入信号,并通过转换、放大、判断,按照一定规律做出反应,使执行部分动作,实现控制或保护的目的。对于有触点的电磁式电器,感受部分大都是电磁机构,执行部分是触点。触点是电器的执行部分,通常安装在动、静铁芯的接触部位,相应称为动、静触点。

触点一般在接触表面上镶有合金,并依靠弹簧的压力减少接触电阻,以保证可靠的电接触。触点可以分为常开触点(也称动合触点)和常闭触点(也称动断触点)如图 1.16 所示。这里所谓的常开,即常态,是指电磁机构不通电时触点所处的状态。

常用开关电器有:隔离开关、熔断器、继电器、接触器等,下面介绍几种常用电器。

（a）常开触点　　（b）常闭触点

图 1.16　触点的图形符号

1. 隔离开关

隔离开关是高压开关电器中使用最多的一种电器,顾名思义,在电路中起隔离作用。其工作原理及结构比较简单,最简单的手动刀开关的结构和图形符号如图 1.17 所示,文字符号是 QK。刀开关是手动电器中结构最简单的一种,广泛应用于各种配电设备和供电线路,常用于不频繁通断容量较小的低压线路,并作为电源的隔离开关。

2. 熔断器

熔断器是一种结构简单、使用方便、价格低廉的保护电器。它主要由熔体和安装熔体的绝缘管或绝缘座

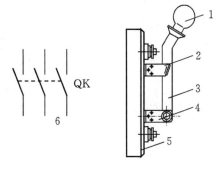

（a）　　　（b）

1—手柄;2—静插座;3—触刀;4—铰链支座;5—绝缘底板;6—图形符号

图 1.17　刀开关图形符号和结构示意图

组成。熔断器的图形符号如图 1.18 所示,文字符号为 FU。

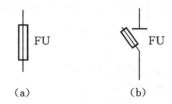

图 1.18　熔断器的图形符号

熔断器串联在它所保护的电路中,当发生过载或短路故障时,熔体首先熔断,切断故障电流,起到保护作用。熔断器也常与刀开关配合使用,熔断器刀开关,如图 1.18(b)所示,形成明显断点,可带负荷分合闸、实现短路保护。但短路保护后需更换熔体。

3.继电器

继电器是一种根据某一输入量(如电流、电压、转速、时间、温度等)的变化而动作的自动控制电器。它主要用于传递控制信号,其触点通常接在控制电路中。继电器集电量和非电量信号的感测功能与执行功能于一身,广泛地应用于各种工业驱动和控制电路中。继电器的图形符号如图 1.19 所示,文字符号为 KA。

(a)继电器线圈　　(b)继电器常开触点　　(c)继电器常闭触点

图 1.19　电磁式继电器的图形符号

最常用的电磁式继电器其典型结构如图 1.20 所示。当需要接通主电路时,先接通继电器的电磁线圈,电磁线圈通电后,产生磁力将动铁芯吸合,连在动铁芯上的动触头随之接通电路。当电磁线圈断电后,吸力消失,动铁芯由于弹簧的作用力而分离,触头随之切断电路。

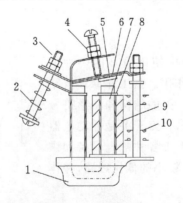

1—底座;2—释放弹簧;3、4—调节螺钉;5—非磁性垫片;
6—衔铁;7—铁心;8—极靴;9—电磁线圈;10—触头系统
图 1.20　电磁式继电器典型结构图

4. 接触器

接触器与继电器的工作原理基本相同,继电器只能够接通和分断较小电流的控制信号($\leqslant 10$ A),而接触器的主触点采用了特殊的灭弧措施,有较大电流的接通和分断能力。接触器常用于较大功率电动机的起/停和正反转控制电路中。

接触器除了用于接通和分断大电流主触点之外,通常还有 1~2 对只能通过较小电流的辅助触点。辅助触点和主触点同时动作,它们主要用于连接控制线路或传递接触器动作的信号。接触器各组成部分的图形符号如图 1.21 所示,文字符号为 KM。

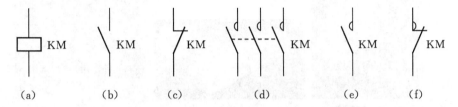

(a)线圈;(b)常开触点;(c)常闭触点;(d)三相常开触点;(e)常开辅助触点;(f)常闭辅助触点

图 1.21 接触器主要组成部分的图形符号

5. 控制按钮

控制按钮用作远距离手动控制各种电磁开关,或用来转换各种信号电路与电器连锁线路等。从结构上按钮分为自锁和非自锁两种,自锁按钮每次按钮按下后,会保持在该状态不变,直到下一次按下,状态才会改变;非自锁按钮当按下按钮的手松开后,会在复位弹簧作用下回复到未按下的状态。各种控制按钮图形符号如图 1.22 所示,文字符号都是 SB。

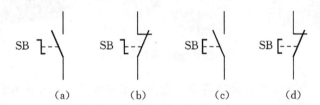

(a)自锁常开按钮;(b)自锁常闭按钮;(c)非自锁常开按钮;(d)非自锁常闭按钮

图 1.22 控制按钮和图形符号

非自锁组合按钮的内部结构如图 1.23 所示。

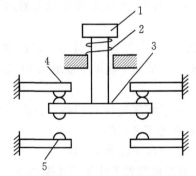

1—按钮帽;2—复位弹簧;3—动触点;4—常闭触点;5—常开触点

图 1.23 非自锁按钮结构图

6. 漏电保护开关

漏电保护开关也称漏电保护器,如图 1.24 所示,是一种电气安全装置。将漏电保护器安装在低压电路中,当发生漏电和触电时,且达到保护器所限定的动作电流值时,就立即在限定的时间内动作,自动断开电源进行保护,减轻对人体的危害。

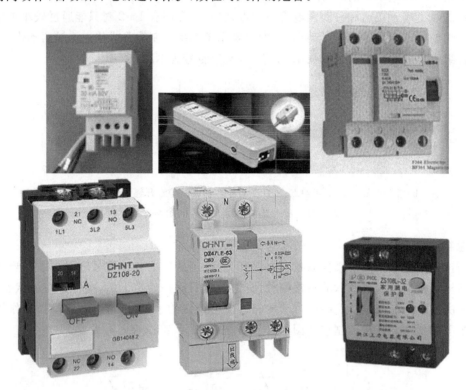

图 1.24 漏电保护开关

漏电保护器按不同方式分类来满足适用的选型。如按动作方式可分为电压动作型和电流动作型;按动作机构分,有开关式和继电器式;按极数和线数分,有单极二线、二极、二极三线等;按动作灵敏度可分为:高灵敏度(漏电动作电流在 30 mA 以下)、中灵敏度(30～1000 mA)、低灵敏度(1000 mA 以上)。

漏电保护器的种类很多,这里介绍目前应用较多的晶体管放大式漏电保护器。晶体管漏电保护器的组成及工作原理如图 1.25 所示,由零序电流互感器、输入电路、放大电路、执行电路、整流电源等构成。

漏电保护器是一种电流动作型漏电保护,它适用于电源变压器中性点接地系统(TT 和 TN 系统),也适用于对地电容较大的某些中性点不接地的 IT 系统(对相—相触电不适用)。

(1)漏电保护器工作原理

三相线 A、B、C 和中性线 N 穿过零序电流互感器。在正常情况下(无触电或漏电故障发生),三相线和中性线的电流向量和等于零,即:

$$I_A + I_B + I_C + I_N = 0$$

因此,各相线电流在零序电流互感器铁芯中所产生磁通向量之和也为零,即:

$$\Phi_A + \Phi_B + \Phi_C + \Phi_N = 0$$

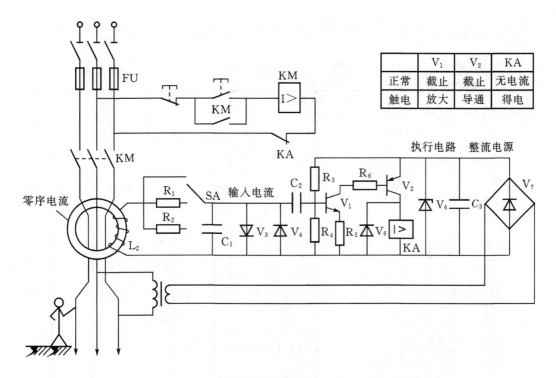

	V_1	V_2	KA
正常	截止	截止	无电流
触电	放大	导通	得电

图 1.25　晶体管放大式漏电保护器原理图

当有人触电或出现漏电故障时,即出现漏电电流,这时通过零序电流互感器的一次电流向量和不再为零,即:

$$I_A + I_B + I_C + I_N \neq 0$$

零序电流互感器原边中有零序电流流过,在其副边产生感应电动势,加在输入电路上,放大管 V_1 得到输入电压后,进入动态放大工作区,V_1 管的集电极电流在 R_6 上产生压降,使执行管 V_2 的基极电压下降,V_2 管输入端正偏,V_2 管导通,继电器 KA 流过电流启动,其常闭触头断开,接触器 KM 线圈失电,切断电源。

(2)注意漏电保护器的接线

①无论是单相负荷还是三相与单相的混合负荷,相线与零线均应穿过零序互感器。

②安装漏电保护器时,一定要注意线路中中性线 N 的正确接法,即工作中性线一定要穿过零序互感器,而保护零线 PE 决不能穿过零序互感器。若将保护零线接漏电保护器,漏电保护器处于漏电保护状态而切断电源。即保护零线一旦穿过零序互感器,就再也不能用作保护线。

▶ 1.5.2　配电线路实例

1.原理

图 1.26 给出了一个简单的配电电路的实例,其工作顺序进行如下。

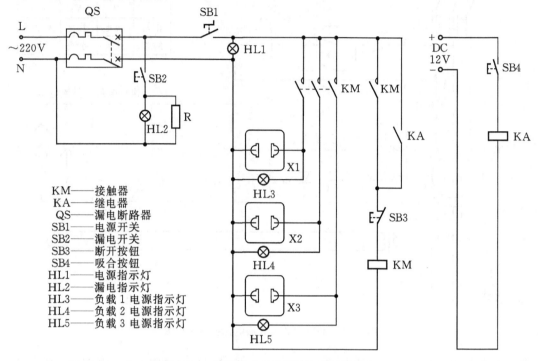

图 1.26　机械触点开关训练电路板电路图

①先接通 12V 直流电源,再接通 220V 交流电源。

②合上漏电断路器 QS。

③对漏电断路器的漏电保护特性进行测试:按下漏电试验按钮 SB2,漏电指示灯 HL2 闪亮,漏电流通过小电阻 R,漏电断路器动作,断开电路。

④再次闭合漏电断路器,接通电路。

⑤按下电源开关按钮 SB1,指示灯 HL1 发光。

⑥按下"吸合"按钮 SB4,继电器 KA 线圈通电,继电器触点闭合。

⑦由于"断开"按钮 SB3 常闭,接触器 KM 线圈通电,接触器主触点和辅助触点闭合。负载电源插座通电,指示灯 HL3、HL4、HL5 发光。

⑧由于接触器辅助触点闭合,形成自锁回路,此时,及时松开"吸合"按钮 SB4,接触器线圈上已然保持通电状态。

⑨按下"断开"按钮 SB3,接触器线圈断电,接触器主触点和辅助触点都断开。负载电源插座断电,指示灯 HL3、HL4、HL5 熄灭。

⑩关闭电源开关按钮 SB1,指示灯 HL1 熄灭;

⑪手动断开漏电断路器 SQ。

2. 训练内容和具体操作步骤

采用图 1.26 所示的机械触点开关训练板电路,该电路包括小容量单相两线制供电交流电源常用的电器。

①按图连接电路。

②用多用表测量继电器线圈的直流电阻,正常值为约 153 Ω。

③按照给定操作顺序操作,先测试漏电短路器的漏电保护特性。

④按照给定操作顺序操作,在按下"吸合"按钮后,用数字多用表的电阻档测量继电器和接触器动、静触点之间的电阻;然后切换到数字多用表交流电压档,测量负载插座上的电压。

⑤练习使用双路可跟踪电源,分别使用主路(I)和从路(II)输出 5V、10V 电压;使用"跟踪"功能,输出 +10V 的电压。

3. 训练要求

经过"常用开关电器认知"的训练,要求做到:

①学会识别常用的低压电器和它们对应的电气、文字符号;

②学会分析简单的电器控制电路图;

③学会使用双路可跟踪直流稳定电源。

1.6 电子工艺实习中的安全要求

电子产品装调中,装调产品是弱电,不会对人身造成伤害。仪器和工具供电以交流 220V 为主,因此要注意安全用电,同时,工具和小型设备可能会造成烫伤和机械损伤,要注意做到以下几点,保证人身和设备安全。

①不了解的设备、柜体、电源开关不要随意打开,以免发生触电、紫外线灼伤、化学腐蚀等伤害。

②不要用电烙铁或工具对他人挥舞,以免造成划伤、烫伤。

③不许用电烙铁烫伤电源线,并注意检查电烙铁的电源线绝缘是否完好,若电线裸露必须及时更换,避免触电。

④不许用手触摸带电或发热器件,避免触电和烫伤。

⑤要爱护仪器设备,摆放位置要稳定安全,要注意卫生、干燥,要轻拿轻放,避免仪器损伤和对人身的意外伤害。

⑥为确保人身和设备的安全,必须严格遵守操作规程。

习 题

1. 简述低压配电系统的形式。

2. 我国规定的安全电压是多少? 安全电压绝对安全吗?

3. 什么叫接地保护? 什么叫接零保护?

4. 造成触电事故的原因是什么?

5. 为什么在电气设备的金属外壳上装上地线,能防止因设备漏电而造成人身触电?

6. 决定触电伤害程度的因素有哪些?

7. 安全用电应注意哪些问题?

8. 发生触电事故时,应如何急救?

第2章 电路焊接技术

电子电路的焊接、组装与调试在电子工程技术中占有重要地位。任何一个电子产品都是经由设计→焊接→组装→调试形成的,而焊接是保证电子产品质量和可靠性的最基本环节。

2.1 焊接的基础知识

1. 锡焊

锡焊是焊接的一种,它是将焊件和熔点比焊件低的焊料共同加热到锡焊温度,在焊件不熔化的情况下,焊料熔化并浸润焊接面,依靠两者原子的扩散形成焊件的连接。其主要特征有以下三点:

① 焊料熔点低于焊件;

② 焊接时将焊料与焊件共同加热到锡焊温度,焊料熔化而焊件不熔化;

③ 焊接的形成依靠熔化状态的焊料浸润焊接面,毛细作用使焊料进入焊件的间隙,形成一个合金层,从而实现焊件的结合。

2. 锡焊必须具备的条件

① 焊件必须具有良好的可焊性;

② 焊件表面必须保持清洁;

③ 要使用合适的助焊剂;

④ 焊件要加热到适当的温度;

⑤ 合适的焊接时间。

3. 焊点合格的标准

① 焊点有足够的机械强度;

② 保证导电性能;

③ 焊点表面整齐、美观:焊点的外观应光滑、清洁、均匀、对称、整齐、美观、充满整个焊盘并与焊盘大小比例合适。

满足上述三个条件的焊点,才算是合格的焊点。图2.1所示为几种合格焊点的形状。

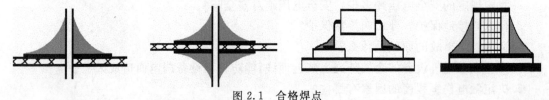

图2.1 合格焊点

2.2　常用工具及材料

1. 装接工具

（1）尖嘴钳

头部较细，用于夹小型金属零件或弯曲元器件引线。不宜用于敲打物体或夹持螺母。图 2.2 所示为几种装接常用钳。

（2）偏口钳

用于剪切细小的导线及焊后的线头，也可与尖嘴钳合用剥导线的绝缘皮。

（3）平口钳

其头部较平宽，适用于重型作业。如螺母、紧固件的装配操作，夹持和折断金属薄板及金属丝。

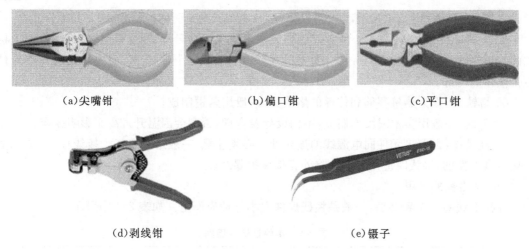

(a)尖嘴钳　　　　　　　(b)偏口钳　　　　　　　(c)平口钳

(d)剥线钳　　　　　　　　　　　　　(e)镊子

图 2.2　几种装接常用钳

（4）剥线钳

专用于剥有包皮的导线。使用时注意将需剥皮的导线放入合适的槽口，剥皮时不能剪断导线。剪口的槽并拢后应为圆形。

（5）镊子

有尖嘴镊子和圆嘴镊子两种。尖嘴镊子用于夹持较细的导线，以便于装配焊接。圆嘴镊子用于弯曲元器件引线和夹持元器件焊接等，用镊子夹持元器件焊接还起散热作用。

（6）螺丝刀

又称起子、改锥。有“一”字式和“十”字式两种，专用于拧螺钉。根据螺钉大小可选用不同规格的螺丝刀。但在拧时，不要用力太猛，以免螺钉滑口。

2. 焊接工具

常用的手工焊接工具是电烙铁，其作用是加热焊料和被焊金属，使熔融的焊料润湿被焊金属表面并生成合金。

(1)电烙铁的结构

常见的电烙铁有直热式、感应式、恒温式,还有吸锡式电烙铁。本章主要介绍直热式和吸锡式电烙铁。

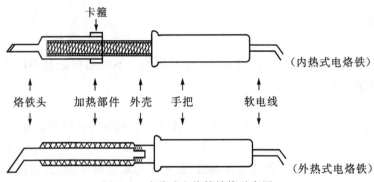

图 2.3　直热式电烙铁结构示意图

直热式电烙铁如图 2.3 所示,它又可以分为内热式和外热式两种。主要由以下几部分组成:

① 发热元件:俗称烙铁芯。它是将镍铬发热电阻丝缠在云母、陶瓷等耐热、绝缘材料上构成的。内热式与外热式主要区别在于外热式发热元件在传热体的外部,而内热式的发热元件在传热体的内部。

② 烙铁头:作为热量存储和传递的烙铁头,一般用紫铜制成。

③ 手柄:一般用实木或胶木制成,手柄设计要合理,否则会因温升过高而影响操作。

④ 接线柱:是发热元件同电源线的连接处。必须注意:一般烙铁有三个接线柱,其中一个是接金属外壳的,接线时应用三芯线将外壳接保护零线。

(2)电烙铁的选用

选择烙铁的功率和类型,一般是根据焊件大小与性质而定。如表 2.1 中所示。

表 2.1　电烙铁选用原则

焊件及工作性质	选用烙铁	烙铁头温度(℃) (室温 220V 电压)
一般印制电路板	20 W 内热式、30 W 外热式、恒温式	300～400
集成电路	20 W 内热式、恒温式、储能式	
焊片、电位器、2～8 W 电阻、大电解电容	35～50 W 内热式、恒温式、50～70 W 外热式	350～450
8 W 以上大电阻,引线直径＞2 mm 的大元器件	100 W 内热式、150～200 W 外热式	400～550
汇流排、金属板等	300 W 外热式	500～630
维修、调试一般电子产品	20 W 内热式、恒温式、感应式、储能式、两用式	＜300

(3)烙铁头的选择

烙铁头形状如图 2.4 中所示。烙铁头是贮存热量和传导热量。烙铁的温度与烙铁头的体积、形状、长短等都有一定的关系。

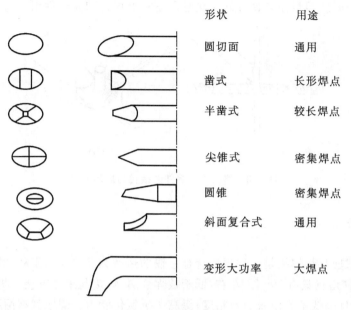

形状	用途
圆切面	通用
凿式	长形焊点
半凿式	较长焊点
尖锥式	密集焊点
圆锥	密集焊点
斜面复合式	通用
变形大功率	大焊点

图 2.4 烙铁头形状

（4）烙铁头温度的调整与判断

烙铁头的温度可以通过插入烙铁芯的深度来调节。烙铁头插入烙铁芯的深度越深，其温度越高。通常情况下，我们用目测法判断烙铁头的温度。

目测法根据助焊剂的发烟状态判别：在烙铁头上熔化一点松香芯焊料，根据助焊剂的烟量大小判断其温度是否合适。温度低时，发烟量小，持续时间长；温度高时，烟气量大，消散快。中等发烟状态（约 6~8 s 消散），温度约为 300 ℃，是焊接的合适温度。烙铁头温度与发烟量关系如图 2.5 所示。

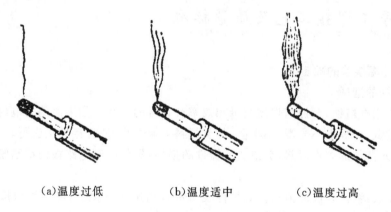

（a）温度过低　　　　　（b）温度适中　　　　　（c）温度过高

图 2.5 烙铁头温度与发烟量关系

（5）电烙铁的接触及加热方法

①电烙铁的接触方法：用电烙铁加热被焊工件时，烙铁头上一定要粘有适量的焊锡，为使电烙铁传热迅速，要用烙铁的侧平面接触被焊工件表面，如图 2.6(a)所示。

② 电烙铁的加热方法：首先要在烙铁头表面挂有一层焊锡，然后用烙铁头的尖部或斜面

加热待焊工件,同时应尽量使烙铁头同时接触印制板上焊盘和元器件引线,如图2.6(b)所示。

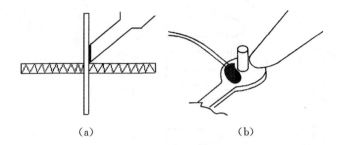

(a)   (b)

图2.6　烙铁头与焊件的接触与加热方法

3. 焊接材料

(1)焊锡

常用的焊料是焊锡,焊锡是一种锡铅合金。锡的熔点为232 ℃,铅为327 ℃,锡铅比例为60∶40的焊锡,其熔点只有190 ℃左右,低于被焊金属,焊接起来很方便。机械强度是锡铅本身的2～3倍;而且降低了表面张力及粘度;提高了抗氧化能力。焊锡丝有两种,一种是将焊锡做成管状,管内填有松香,称松香焊锡丝,使用这种焊锡丝焊接时可不加助焊剂。另一种是无松香的焊锡丝,焊接时要加助焊剂。

(2)焊剂

由于金属表面同空气接触后都会生成一层氧化膜,这层氧化膜阻止焊锡对金属的润湿作用,焊剂就是用于清除氧化膜的一种专用材料。我们通常使用的有松香和松香酒精溶液。另有一种焊剂是焊油膏,因为它是酸性焊剂,对金属有腐蚀作用,在电子电路的焊接中,一般不使用。

2.3　手工焊接工艺及质量标准

1. 元器件焊接前的准备

(1)电烙铁的选择

合理地选用电烙铁,对提高焊接质量和效率有直接的关系。如果使用的电烙铁功率较小,则焊接温度过低,使焊点不光滑、不牢固,甚至焊料不能熔化,使焊接无法进行。如果电烙铁的功率太大,使元器件的焊点过热,会造成元器件的损坏,致使印制电路板的铜箔脱落。

(2)镀锡

①镀锡要点:镀件表面应清洁。如焊件表面带有锈迹或氧化物,可用酒精擦洗或用刀刮、用砂纸打磨。

②小批量生产:镀焊可用锡锅,用调压器供电,以调节锡锅的最佳温度。

③多股导线镀锡:多股导线镀锡前要用剥线钳去掉绝缘皮层,再将剥好的导线朝一个方向旋转拧紧后镀锡,镀锡时不要把焊锡浸入到绝缘皮层中去,最好在绝缘皮前留出一个导线外径长度没有锡,以利于穿套管。

随着元器件生产工艺的改进,很多新元器件已不用专门镀锡。

（3）元器件引线加工成型

元器件在印制板上的排列和安装有两种方式，一种是立式，另一种是卧式。元器件引线弯成的形状应根据焊盘孔的距离不同而加工成型。加工时，注意不要将引线齐根弯折，一般应留 1.5 mm 以上空间，如图 2.7 所示，弯曲不要成死角，圆弧半径应大于引线直径的 1～2 倍。并用工具保护好引线的根部，以免损坏元器件。同类元件要保持高度一致。各元器件的符号标志向上（卧式）或向外（立式），以便于检查。

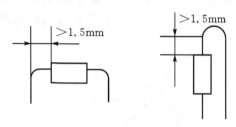

图 2.7　元器件的成型

（4）元器件的插装

元器件的插装方式如图 2.8 所示。

① 卧式插装：卧式插装是将元器件紧贴印制电路板插装，元器件与印制电路板的间距应大于 1 mm。卧式插装法元件的稳定性好、比较牢固、受振动时不易脱落。

② 立式插装：立式插装的特点是密度较大、占用印制板的面积少、拆卸方便。电容、三极管、DIP 系列集成电路多采用这种方法。

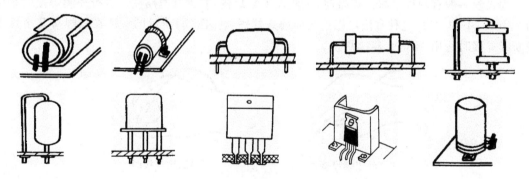

图 2.8　元器件的插装

（5）常用元器件的安装要求：

① 晶体管的安装：在安装前一定要分清集电极、基极、发射极。元件比较密集的地方应分别套上不同彩色的塑料套管，防止碰极短路。对于一些大功率晶体管，应先固定散热片，后插大功率晶体管再焊接。

② 集成电路的安装：集成电路在安装时一定要弄清其方向和引线脚的排列顺序，不能插错。现在多采用集成电路插座，先焊好插座再安装集成块。

③ 变压器、电解电容器、磁棒的安装：对于较大的电源变压器，就要采用弹簧垫圈和螺钉固定；中小型变压器，将固定脚插入印制电路板的孔位，然后将屏蔽层的引线压倒再进行焊接；磁棒的安装，先将塑料支架插到印制电路板的支架孔位上，然后将支架固定，再将磁棒插入。

安装元器件时应注意：安装的元器件字符标记方向一致，并符合阅读习惯，以便今后的检查和维修。穿过焊盘的引线待全部焊接完后再剪断。

2. 手工烙铁焊接技术

(1)电烙铁的握法

为了人体安全一般烙铁距鼻子的距离通常以 30 cm 为宜。电烙铁拿法有三种：反握法、正握法和握笔法。反握法动作稳定，长时间操作不宜疲劳，适合于大功率烙铁的操作；正握法适合于中等功率烙铁或带弯头电烙铁的操作；一般在工作台上焊印制板等焊件时，多采用握笔法。各种握法如图 2.9 所示。

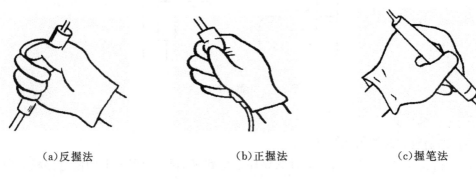

(a)反握法　　　　　　　　(b)正握法　　　　　　　　(c)握笔法

图 2.9　电烙铁的握法

(2)焊锡的基本拿法

焊锡丝一般有两种拿法。焊接时，一般左手拿焊锡，右手拿电烙铁。进行连续焊接时采用图 2.10(a)中的拿法，这种拿法可以连续向前送焊锡丝。图(b)所示的拿法在只焊接几个焊点或断续焊接时适用，不适合连续焊接。

(a)连续焊接时　　　　　　　(b)断续焊接时

图 2.10　焊锡的基本拿法

(3)焊接操作注意事项

① 保持烙铁头的清洁。因为焊接时烙铁头长期处于高温状态，其表面很容易氧化，并沾上一层黑色杂质形成隔热层，使烙铁头失去加热作用。

② 采用正确的加热方法。要靠增加接触面积加快传热，而不要用烙铁对焊件加力。应该让烙铁头与焊件形成面接触而不是点接触。

③ 加热要靠焊锡桥。要提高烙铁头加热的效率，需要形成热量传递的焊锡桥。

④ 在焊锡凝固之前不要使焊件移动或振动，用镊子夹住焊件时，一定要等焊锡凝固后再移去镊子。

⑤ 焊锡量要合适。过量的焊锡会增加焊接时间，降低工作速度。

⑥ 不要用过量的焊剂。适量的焊剂是非常有必要的。过量的松香不仅会造成焊后焊点周围脏不美观,而且当加热时间不足时,又容易夹杂到焊锡中形成"夹渣"缺陷。

(4)焊接步骤

手工焊接最常用的是五步焊接法,下面具体介绍五步焊接法的焊接步骤。

①第一步,准备施焊:烙铁头和焊锡靠近被焊工件并认准位置,处于随时可以焊接的状态,此时保持烙铁头干净可沾上焊锡。

②第二步,加热焊件:将烙铁头放在工件上进行加热,烙铁头接触热容量较大的焊件。

③第三步,熔化焊锡:将焊锡丝放在工件上,熔化适量的焊锡,在送焊锡过程中,可以先将焊锡接触烙铁头,然后移动焊锡至与烙铁头相对的位置,这样做有利于焊锡的熔化和热量的传导。此时注意焊锡一定要润湿被焊工件表面和整个焊盘。

④第四步,移开焊锡丝:待焊锡充满焊盘后,迅速拿开焊锡丝,待焊锡用量达到要求后,应立即将焊锡丝沿着元件引线的方向向上提起焊锡。

⑤第五步,移开烙铁:焊锡的扩展范围达到要求后,拿开烙铁,注意撤烙铁的速度要快,撤离方向要沿着元件引线的方向向上提起。

3. 特殊元件的焊接

(1)集成电路元件:MOS 电路特别是绝缘栅型,由于输入阻抗很高,稍不慎即可能使内部击穿而失效。为此,在焊接集成电路时,应注意下列事项。

① 对 CMOS 电路,如果事先已将各引线短路,焊前不要拿掉短路线。

② 焊接时间在保证浸润的前提下,尽可能短,每个焊点最好 3 s 内焊好,连续焊接时间不要超过 10 s。

③ 使用烙铁最好是 20 W 内热式,接地线应保证接触良好。若无保护零线,最好采用烙铁断电用余热焊接。

(2) 导线的焊接:将被焊导线的焊接部分绝缘层去除,并用砂纸擦净,不可存在残余绝缘层、漆膜及油污,亦可在焊接部分搪锡,以利焊接。

将导线的焊接部分相互连接,用烧热电铬铁接触焊接部分,待导线热到一定程度,将焊锡丝融于导线焊接部分,使焊锡融化流动填满所有空隙为止,稍停片刻,即可将电铬铁移开,待冷却凝结后方可移动焊接部分。

4. 焊接质量的检查

(1)目视检查

目视检查就是从外观上检查焊接质量是否合格,有条件的情况下,建议用 3~10 倍放大镜进行目检,目视检查的主要内容如下。

① 是否有错焊、漏焊、虚焊。

② 有没有连焊、焊点是否有拉尖现象。

③ 焊盘有没有脱落、焊点有没有裂纹。

④ 焊点外形润湿应良好,焊点表面是不是光亮、圆润。

⑤ 焊点周围是否有残留的焊剂。

⑥ 焊接部位有无热损伤和机械损伤现象。

（2）手触检查

在外观检查中发现有可疑现象时，采用手触检查。主要是用手指触摸元器件有无松动、焊接不牢的现象，用镊子轻轻拨动焊接部或夹住元器件引线，轻轻拉动，观察有无松动现象。

5. 焊点缺陷产生的原因

① 桥接：桥接是指焊锡将相邻的印制导线连接起来。是由加热时间过长、焊锡温度过高、烙铁撤离角度不当造成的。

② 拉尖：焊点出现尖端或毛刺。原因是焊料过多、助焊剂少、加热时间过长、焊接时间过长、烙铁撤离角度不当。

③ 虚焊：焊锡与元器件引线或与铜箔之间有明显黑色界线，焊锡向界线凹陷。原因是印制板和元器件引线未清洁好、助焊剂质量差、加热不够充分、焊料中杂质过多。

④ 松香焊：焊缝中还将夹有松香渣。主要是焊剂过多或已失效、焊剂未充分挥发、焊接时间不够、加热不足、表面氧化膜未去除。

⑤ 铜箔翘起或剥离：铜箔从印制电路板上翘起，甚至脱落。主要原因是焊接温度过高，焊接时间过长、焊盘上金属镀层不良。

⑥ 不对称：焊锡未流满焊盘。主要是焊料流动性差、助焊剂不足或质量差、加热不足。

⑦ 汽泡和针孔：引线根部有喷火式焊料隆起，内部藏有空洞，目测或低倍放大镜可见有孔。主要是引线与焊盘孔间隙大、引线浸润性不良、焊接时间长，孔内空气膨胀等原因引起的。

⑧ 焊料过多：焊料面呈凸形。主要是由于焊料撤离过迟。

⑨ 焊料过少：焊接面积小于焊盘的 80%，焊料未形成平滑的过渡面。主要是由于焊锡流动性差或焊丝撤离过早、助焊剂不足、焊接时间太短。

⑩ 过热：焊点发白，无金属光泽，表面较粗糙，呈霜斑或颗粒状。主要是由于烙铁功率过大，加热时间过长、焊接温度过高过热。

⑪松动：外观粗糙，似豆腐渣一般，且焊角不匀称，导线或元器件引线可移动。主要是由于焊锡未凝固前引线移动造成空隙、引线未处理好（浸润差或不浸润）。

⑫焊锡从过孔流出：焊锡从过孔流出。主要原因是过孔太大、引线过细、焊料过多、加热时间过长、焊接温过高过热。

6. 焊接的基本原则

① 清洁待焊工件表面：对被焊工件表面应首先检查其可焊性，若可焊性差，则应先进行清洗处理和搪锡。

② 选用适当工具：电烙铁和烙铁头应根据焊物的不同，选用不同的规格。如焊印制电路板及细小焊点，则可选用 20 W 的内热式恒温电烙铁；若焊底板及大地线等，则需用 100 W 以上的外热式或 75 W 以上的内热式。

③ 采用正确的加热方法：应该根据焊件的形状选用不同的烙铁头或自己修整烙铁头，使烙铁头与焊接工件形成接触面，同时要保持烙铁头上挂有适量焊锡，使工件受热均匀。

④ 选用合格的焊料：焊料一般选用低熔点的铅锡焊锡丝，因其本身带有一定量的焊剂，故不必再使用其他焊剂。

⑤ 选择适当的助焊剂：焊接不同的材料要选用不同的焊剂，即使是同种材料，当采用焊接工艺不同时也往往要用不同的焊剂。

⑥ 保持合适的温度：焊接温度是由烙铁头的温度决定的，焊接时要保持烙铁头在合理的温度范围。烙铁头的温度控制在使焊剂熔化较快又不冒烟时的温度，一般在 230 ℃～350 ℃之间。

⑦ 控制好加热时间：焊接的整个过程从加热被焊工件到焊锡熔化并形成焊点，一般在几秒钟之内完成。对印制电路的焊接，时间一般以 2～3 s 为宜。在保证焊料润湿焊件的前提下时间越短越好。

⑧ 工件的固定：焊点形成并撤离烙铁头以后，焊点凝固过程中不要触动焊点。

⑨ 使用必要辅助工具：对耐热性差、热容量小的元器件，应使用工具辅助散热。焊接前一定要处理好焊点。还要适当采用辅助散热措施。在焊接过程中可以用镊子、尖嘴钳子等夹住元件的引线，用以减少热量传递到元件，从而避免元件过热失。加热时间一定要短。

7. 焊接的注意事项

一般焊接的顺序是：是先小后大、先轻后重、先里后外、先低后高、先普通后特殊的次序焊装。即先焊分立元件，后焊集成块。对外连线要最后焊接。

① 电烙铁一般应选内热式 20～35 W 恒温 230 ℃ 的烙铁，但温度不要超过 300 ℃ 的为宜。接地线应保证接触良好。

② 焊接时间在保证润湿的前提下，尽可能短，一般不超过 3s。

③ 耐热性差的元器件应使用工具辅助散热。如微型开关、CMOS 集成电路、瓷片电容、发光二极管。中频变压器等元件，焊接前一定要处理好焊点，施焊时注意控制加热时间，焊接一定要快。还要适当采用辅助散热措施，以避免过热失效。

④ 如果元件的引线镀金处理的，其引线没有被氧化可以直接焊接，不需要对元器件的引线做处理。

⑤ 焊接时不要用烙铁头反复摩擦焊盘。

⑥ 集成电路若不使用插座，直接焊到印制板上，安全焊接顺序为：地端→输出端→电源端→输入端。

⑦ 焊接时应防止邻近元器件、印制板等受到过热影响，对热敏元器件要采取必要的散热措施。

⑧ 焊接时绝缘材料不不允许出现烫伤、烧焦、变形、裂痕等现象。

⑨ 在焊料冷却和凝固前，被焊部位必须可靠固定，可采用散热措施以加快冷却。

⑩ 焊接完毕，必须及时对板面进行彻底清洗，以便残留的焊剂、油污和灰尘等赃物。

8. 拆焊

一般电阻、电容、晶体管等管脚不多，且每个引线能相对活动的元器件可用烙铁直接拆焊。将印制板竖起来夹住，一边用烙铁加热待拆元件的焊点，一边用镊子或尖嘴钳夹住元器件引线轻轻拉出，如图 2.11 所示。重新焊接时，需先用锥子将焊孔在加热熔化焊锡的情况下扎通，需要指出的是，这种方法不宜在一个焊点上多次用，因为印制导线和焊盘经反复加热后很容易脱落，造成印制板损坏。

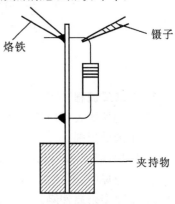

图 2.11　拆焊

2.4 波峰焊

1. 波峰焊

波峰焊是将熔化的焊料,经电动泵或电磁泵喷流成设计要求的焊料波峰,使预先装有电子元器件的印制板通过焊料波峰,实现元器件焊端或引脚与印制板焊盘之间的电气连接。

波峰焊用于印制板装联已有 20 多年的历史,现在已成为一种非常成熟的电子装联工艺,目前主要用于通孔插装组件和采用混合组装方式的表面组件的焊接,如图 2.12 所示。图2.13所示为常见型号波峰焊机。

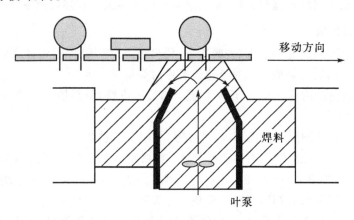

图 2.12 波峰焊示意图

图 2.13 常见型号的波峰焊机

2. 波峰焊流程

① 将元件插入相应的元件孔中。

② 预涂助焊剂。

③ 预烘(温度 90~1000 ℃,长度 1~1.2 m)。

④ 波峰焊(220~2400 ℃)。

⑤ 切除多余插件脚。

⑥ 检查。

3. 焊点成型原理

如图 2.14 所示,当 PCB 进入波峰面前端(A)时,基板与引脚被加热,并在未离开波峰面(V)之前,整个 PCB 底面浸在焊料中,即被焊料所桥联,但在离开波峰尾端的瞬间(B1→B2),少量的焊料由于润湿力的作用,粘附在焊盘上,并由于表面张力的原因,会出现以引线为中心收缩至最小状态。因此会形成饱满、圆整的焊点,离开波峰尾部的多余焊料,由于重力的原因回落到锡锅中。

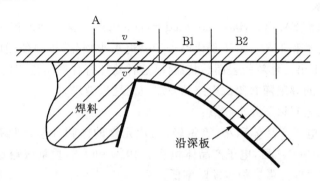

图 2.14　焊点成型原理

4. 波峰焊主要工艺参数及调节

(1)波峰高度

波峰高度是指波峰焊接中的 PCB 吃锡高度。其数值通常控制在 PCB 板厚度的 1/2～2/3,过大会导致熔融的焊料流到 PCB 的表面,形成"桥连"。

(2)传送倾角

波峰焊机在安装时除了使机器水平外,还应调节传送装置的倾角,通过倾角的调节,可以调控 PCB 与波峰面的焊接时间,适当的倾角,会有助于焊料液与 PCB 更快的剥离,使之返回锡锅。

(3)热风刀

所谓热风刀是 SMA 刚离开焊接波峰后,在 SMA 的下方放置一个窄长的带开口的"腔体",窄长的腔体能吹出热气流,犹如刀状,故称"热风刀"。

(4)焊料纯度的影响

波峰焊接过程中,焊料的杂质主要是来源于 PCB 上焊盘的铜浸析,过量的铜会导致焊接缺陷增多。

5. 助焊剂

波峰焊接之前,需在焊件的焊接面喷洒助焊剂,助焊剂的主要功能有:

①清除焊接金属表面的氧化膜。

②在焊接物表面形成一层液态的保护膜,隔绝高温时四周的空气,防止金属表面的再氧化。

③降低焊锡的表面张力,增加其扩散能力。

④焊接的瞬间,可以让熔融状的焊锡取代,顺利完成焊接。

6. 工艺参数的协调

波峰焊机的工艺参数带速、预热时间、焊接时间和倾角之间需要互相协调，反复调整。

2.5 回流焊

1. 表面焊装技术

表面焊装技术简称 SMT(surface mounted mechnology)，又称回流焊，是目前电子组装行业里最流行的一种技术和工艺。由于现代电子产品追求小型化，以前使用的穿孔插件元件已无法再缩小，从而产生出一种新的表面贴装器件，这种器件符合产品量产化，自动化的要求，成本也较低。这种器件的焊装随着集成电路的发展应用越来越广。

这种表面焊装工艺有以下几个特点：

① 组装密度高、电子产品体积小、重量轻、贴片元件的体积和重量只有传统插装元件的 1/10 左右，一般采用 SMT 之后，电子产品体积缩小 40%～60%，重量减轻 60%～80%。

② 可靠性高、抗振能力强。焊点缺陷率低。

③ 高频特性好。减少了电磁和射频干扰。

④ 易于实现自动化，提高生产效率。降低成本达 30%～50%。节省材料、能源、设备、人力、时间等。

2. 表面焊装技术的基本原理

先把焊料加工成一定粒度的粉末，加上适当液态粘合剂，使之成为有一定流动性的糊状焊膏，涂于印制板的焊盘，再把待焊元器件粘上印制板，然后加热使熔膏中焊料溶化而再次流动，从而达到焊料与元件焊脚以及印刷电路板上的焊盘充分浸润，将元器件焊到印制板上的目的。

3. 表面焊装的基本工艺流程

丝印(或点胶)→ 贴装→(固化)→回流焊接→ 清洗→检测→ 返修

丝印：其作用是将焊膏或贴片胶漏印到 PCB 的焊盘上，为元器件的焊接做准备。所用设备为丝印机(丝网印刷机)，位于 SMT 生产线的最前端。

点胶：它是将胶水滴到 PCB 的的固定位置上，其主要作用是将元器件固定到 PCB 板上。所用设备为点胶机，位于 SMT 生产线的最前端或检测设备的后面。

贴装：其作用是将表面组装元器件准确安装到 PCB 的固定位置上。所用设备为贴片机，位于 SMT 生产线中丝印机的后面。

固化：其作用是将贴片胶融化，从而使表面组装元器件与 PCB 板牢固粘接在一起。所用设备为固化炉，位于 SMT 生产线中贴片机的后面。此环节常常在某些生产工艺中省去。

回流焊接：其作用是将焊膏融化，使表面组装元器件与 PCB 板牢固粘接在一起。所用设备为回流焊炉，位于 SMT 生产线中贴片机的后面。

清洗：其作用是将组装好的 PCB 板上面的对人体有害的焊接残留物(如助焊剂等)除去。所用设备为清洗机，位置可以不固定，可以在线，也可不在线。

检测：其作用是对组装好的 PCB 板进行焊接质量和装配质量的检测。所用设备有放大镜、显微镜、在线测试仪(ICT)、飞针测试仪、自动光学检测(AOI)、X－RAY 检测系统、功能测试仪等。位置根据检测的需要,可以配置在生产线合适的地方。

返修:其作用是对检测出现故障的 PCB 板进行返工。所用工具为烙铁、返修工作站等。配置在生产线中任意位置。

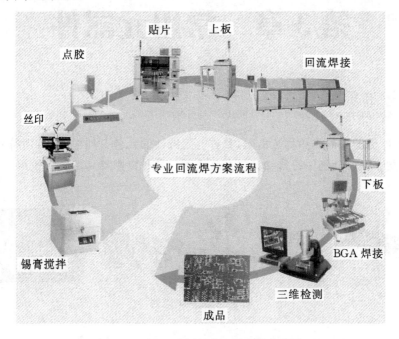

图 2.15　工厂采用的专业回流焊流程图

习　题

1.简述手工焊接的"五步焊接法"。

2.列举在手工焊接中不合格的焊点包括哪些方面(要求不少于 10 种)。

第3章 常用元器件

3.1 电阻器

导电体对电流的阻碍作用称为电阻,具有电阻特性的元件又叫电阻器,用符号 R 表示,单位为欧姆、千欧、兆欧,分别用符号 Ω、kΩ、mΩ 表示。几种电阻器如图 3.1 所示。

图 3.1 几种电阻器

3.1.1 电阻器的分类

电阻器大致分为以下几类:

①线绕电阻器:通用线绕电阻器、精密线绕电阻器、大功率线绕电阻器、高频线绕电阻器。

②薄膜电阻器:碳膜电阻器、合成碳膜电阻器、金属膜电阻器、金属氧化膜电阻器、化学沉积膜电阻器、玻璃釉膜电阻器、金属氮化膜电阻器。

③实心电阻器:无机合成实心碳质电阻器、有机合成实心碳质电阻器。

④敏感电阻器:压敏电阻器、热敏电阻器、光敏电阻器、力敏电阻器、气敏电阻器、湿敏电阻器。

3.1.2 电阻器的型号命名方法

国产电阻器的型号由四部分组成:

①第一部分:主称 ,用字母表示,表示产品的名字。如 R 表示电阻,W 表示电位器。

②第二部分:材料 ,用字母表示,表示电阻体用什么材料组成,T—碳膜、H—合成碳膜、S—有机实心、N—无机实心、J—金属膜、Y—氮化膜、C—沉积膜、I—玻璃釉膜、X—线绕。

③第三部分:分类,一般用数字表示,个别类型用字母表示,表示产品属于什么类型。1—普通、2—普通、3—超高频 、4—高阻、5—高温、6—精密、7—精密、8—高压、9—特殊、G—高功率、T—可调。

④第四部分:序号,用数字表示,表示同类产品中不同品种,以区分产品的外型尺寸和性能指标等。

例如：RT11 表示普通碳膜电阻。

3.1.3　电阻器的主要特性参数

① 标称阻值：电阻器上面所标示的阻值。

② 允许误差：标称阻值与实际阻值的差值跟标称阻值之比的百分数称阻值偏差，它表示电阻器的精度。允许误差与精度等级对应关系如下：±0.5%－0.05 级、±1%－0.1 级（或 00 级）、±2%－0.2 级（或 0 级）、±5%－Ⅰ级、±10%－Ⅱ级、±20%－Ⅲ级。

③ 额定功率：在正常的大气压力 90～106.6 kPa 及环境温度为－55℃～＋70℃的条件下，电阻器长期工作所允许耗散的最大功率。

线绕电阻器额定功率系列为（W）：1/20，1/8，1/4，1/2，1，2，4，8，10，16，25，40，50，75，100，150，250，500 。

非线绕电阻器额定功率系列为（W）：1/20，1/8，1/4，1/2，1，2，5，10，25，50，100 。

④ 额定电压：由阻值和额定功率换算出的电压。

⑤ 最高工作电压：允许的最大连续工作电压。在低温工作时，最高工作电压较低。

⑥ 温度系数：温度每变化 1℃所引起的电阻值的相对变化。温度系数越小，电阻的稳定性越好。阻值随温度升高而增大的为正温度系数，反之为负温度系数。

⑦ 老化系数：电阻器在额定功率长期负荷下，阻值相对变化的百分数，它是表示电阻器寿命长短的参数。

⑧ 电压系数：在规定的电压范围内，电压每变化 1 V，电阻器的相对变化量。

⑨ 噪声：产生于电阻器中的一种不规则的电压起伏，包括热噪声和电流噪声两部分，热噪声是由于导体内部不规则的电子自由运动，使导体任意两点的电压不规则变化。

3.1.4　电阻器阻值标示方法

① 直标法：用数字和单位符号在电阻器表面标出阻值，其允许误差直接用百分数表示，若电阻上未注偏差，则均为±20%。

② 文字符号法：用阿拉伯数字和文字符号两者有规律的组合来表示标称阻值，其允许偏差也用文字符号表示。符号前面的数字表示整数阻值，后面的数字依次表示第一位小数阻值和第二位小数阻值。表示允许误差的文字符号为 D、F、G、J、K、M，允许偏差分别为 ±0.5%，±1%，±2%，±5%，±10%，±20% 。

③ 数码法：在电阻器上用三位数码表示标称值的标志方法。数码从左到右，第一、二位为有效值，第三位为指数，即零的个数，单位为欧。偏差通常采用文字符号法中所列的文字符号表示。

④ 色标法：用不同颜色的带或点在电阻器表面标出标称阻值和允许偏差。国外电阻大部分采用色标法。黑－0、棕－1、红－2、橙－3、黄－4、绿－5、蓝－6、紫－7、灰－8、白－9、金－±5%、银－±10%、无色－±20%，当电阻为四环时，最后一环必为金色或银色，前两位为有效数字，第三位为乘方数，第四位为偏差。当电阻为五环时，最后一环与前面四环距离较大。前三位为有效数字，第四位为乘方数，第五位为偏差。

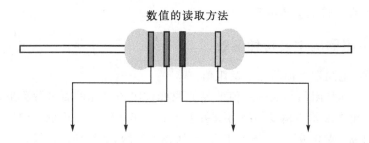

数值的读取方法

表 3.1　色标法

颜色	第一段	第二段	第三段	乘数	误差	
黑色	0	0	0	1	±1%	F
棕色	1	1	1	10	±2%	G
红色	2	2	2	100		
橙色	3	3	3	1k		
黄色	4	4	4	10k		
绿色	5	5	5	100k	±0.5%	D
蓝色	6	6	6	1M	±0.25%	C
紫色	7	7	7	10M	±0.10%	B
灰色	8	8	8		±0.05%	A
白色	9	9	9			
金色				0.1	±5%	J
银色				0.01	±10%	K
无色					±20%	M

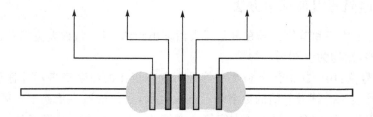

3.1.5　常用电阻器

1.电位器

电位器也叫可调电阻,是一种机电元件,靠电刷在电阻体上的滑动,取得与电刷位移成一定关系的输出电压。图 3.2 所示为几种常见电位器。

图 3.2　几种电位器

2. 实芯碳质电阻器

用碳质颗粒状导电物质、填料和粘合剂混合制成一个实体的电阻器。特点是价格低廉,但其阻值误差、噪声电压都大,稳定性差,目前较少使用。

3. 绕线电阻器

用高阻合金线绕在绝缘骨架上制成,外面涂有耐热的釉绝缘层或绝缘漆。绕线电阻具有较低的温度系数,阻值精度高,稳定性好,耐热耐腐蚀,主要做精密大功率电阻使用,缺点是高频性能差,时间常数大。

4. 薄膜电阻器

用蒸发的方法将一定电阻率材料蒸镀于绝缘材料表面制成,主要有如下几种。

(1)碳膜电阻器

将结晶碳沉积在陶瓷棒骨架上制成。碳膜电阻器成本低、性能稳定、阻值范围宽、温度系数和电压系数低,是目前应用最广泛的电阻器。

(2)金属膜电阻器。

用真空蒸发的方法将合金材料蒸镀于陶瓷棒骨架表面。金属膜电阻比碳膜电阻的精度高,稳定性好,噪声、温度系数小。在仪器仪表及通讯设备中大量采用。

(3)金属氧化膜电阻器

在绝缘棒上沉积一层金属氧化物。由于其本身就是氧化物,所以高温下稳定,耐热冲击,负载能力强。

(4)合成膜电阻

将导电合成物悬浮液涂敷在基体上而得,因此也叫漆膜电阻。由于其导电层呈现颗粒状结构,所以其噪声大,精度低,主要用于制造高压、高阻、小型电阻器。

5. 金属玻璃铀电阻器

将金属粉和玻璃铀粉混合,采用丝网印刷法印在基板上。耐潮湿、高温,温度系数小,主要应用于厚膜电路。

6. 贴片电阻

片状电阻是金属玻璃铀电阻的一种形式,它的电阻体是高可靠的钌系列玻璃铀材料经过高温烧结而成,电极采用银钯合金浆料。体积小,精度高,稳定性好,由于其为片状元件,所以高频性能好。

7. 敏感电阻

敏感电阻是指器件特性对温度、电压、湿度、光照、气体、磁场、压力等作用敏感的电阻器。敏感电阻的符号是在普通电阻的符号中加一斜线,并在旁标注敏感电阻的类型,如:T、V 等。常用敏感电阻器有压敏电阻、湿敏电阻、光敏电阻、气敏电阻、力敏电阻、热敏电阻,如图3.3所示。

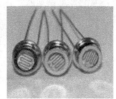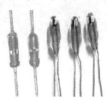

图 3.3 几种敏感电阻器

(1)压敏电阻

压敏电阻主要有碳化硅和氧化锌压敏电阻,氧化锌具有更多的优良特性。

(2)湿敏电阻

湿敏电阻由感湿层、电极、绝缘体组成,湿敏电阻主要包括氯化锂湿敏电阻、碳湿敏电阻、氧化物湿敏电阻。氯化锂湿敏电阻随湿度上升而电阻减小,缺点为测试范围小,特性重复性不好,受温度影响大。碳湿敏电阻缺点为低温灵敏度低,阻值受温度影响大,易老化特性,较少使用。氧化物湿敏电阻性能较优越,可长期使用,温度影响小,阻值与湿度变化呈线性关系。由氧化锡,镍铁酸盐等材料制成。

(3)光敏电阻

光敏电阻是电导率随着光量力的变化而变化的电子元件,当某种物质受到光照时,载流子的浓度增加从而增加了电导率,这就是光电导效应。

(4)气敏电阻

气敏电阻利用某些半导体吸收某种气体后发生氧化还原反应制成,主要成分是金属氧化物,主要品种有金属氧化物气敏电阻、复合氧化物气敏电阻、陶瓷气敏电阻等。

(5)力敏电阻

力敏电阻是一种阻值随压力变化而变化的电阻,国外称为压电电阻器。所谓压力电阻效应即半导体材料的电阻率随机械应力的变化而变化的效应。可制成各种力矩计、半导体话筒、压力传感器等。主要品种有硅力敏电阻器、硒碲合金力敏电阻器,相对而言,合金电阻器具有更高灵敏度。

(6)热敏电阻

热敏电阻是敏感元件的一类,其电阻值会随着热敏电阻本体温度的变化呈现出阶跃性的变化,具有半导体特性。热敏电阻按照温度系数的不同分为:正温度系数热敏电阻(简称 PTC 热敏电阻)和负温度系数热敏电阻(简称 NTC 热敏电阻)。

3.2　电容器

电容器是电子设备中大量使用的电子元件之一,简称电容,广泛应用于隔直、耦合、旁路、滤波、调谐回路、能量转换、控制电路等方面。如图 3.4 所示。用 C 表示电容,电容单位有法拉(F)、微法拉(μF)和皮法拉(pF),$1F=10^6\mu F=10^{12}pF$ 。

图 3.4　几种电容器

3.2.1　电容器的分类

电容器的分类有以下几种分发：

① 按照结构分三大类：固定电容器、可变电容器和微调电容器。

② 按电解质分类有：有机介质电容器、无机介质电容器、电解电容器和空气介质电容器等。

③ 按用途分有：高频旁路、低频旁路、滤波、调谐、高频耦合、低频耦合、小型电容器等。

3.2.2　电容器的型号命名方法

国产电容器的型号一般由 4 部分组成（不适用于压敏、可变、真空电容器）。依次分别代表名称、材料、分类和序号。

① 第一部分：名称，用字母表示，电容器用 C。

② 第二部分：材料，用字母表示。用字母表示产品的材料：A—钽电解、B—聚苯乙烯等非极性薄膜、C—高频陶瓷、D—铝电解、E—其他材料电解、G—合金电解、H—复合介质、I—玻璃釉、J—金属化纸、L—涤纶等极性有机薄膜、N—铌电解、O—玻璃膜、Q—漆膜、T—低频陶瓷、V—云母纸、Y—云母、Z—纸介 。

③ 第三部分：尺寸，用数字表示。

④ 第四部分：分类，一般用数字表示，个别用字母表示。

例如：CL10A 表示耐压 10 V 的涤纶电容。

3.2.3　常用电容器

（1）铝电解电容器

铝电解电容器用浸有糊状电解质的吸水纸夹在两条铝箔中间卷绕而成，薄的氧化膜做介质的电容器。因为氧化膜有单向导电性质，所以电解电容器具有极性，容量大，能耐受大的脉动电流容量，误差大，泄漏电流大；普通的不适于在高频和低温下应用，不宜使用在 25 kHz 以上频率低频旁路、信号耦合、电源滤波。

（2）钽电解电容器

钽电解电容器用烧结的钽块作正极，电解质使用固体二氧化锰，温度特性、频率特性和可焊性均优于普通电解电容器，特别是漏电流极小、贮存性良好、寿命长、容量误差小，而且体积小，单位体积下能得到最大的电容电压乘积。

电解电容器都是有正负极的，正负极的识别一般有四种方法：

① 电解电容外面有一条很粗的白线，白线里面有一行负号，那边的管脚就是负极。另一边就是正极。

② 大容量电容器上面正负号标志，标"＋"为正极，标"－"为负极。

③ 也有用引脚长短来区别正负极，长脚为正，短脚为负。

④ 在 PCB 上的电容器位置上有两个半圆，涂颜色的半圆对应的引脚为负极。在焊接面正极焊盘一般为方形，负极焊盘为圆形。

（3）薄膜电容器

薄膜电容器的结构与纸质电容器相似，用聚脂、聚苯乙烯等低损耗塑材作介质时频率特性好,介电损耗小。但不能做成大的容量,耐热能力较差。薄膜电容器常用于滤波器、积分、振荡、定时电路。

（4）瓷介电容器

瓷介电容器有穿心式或支柱式结构瓷介电容器,它的一个电极就是安装螺丝。引线电感极小,频率特性好,介电损耗小,有温度补偿作用不能做成大的容量,受振动会引起容量变化,特别适于高频旁路。

（5）独石电容器

独石电容器（多层陶瓷电容器）在若干片陶瓷薄膜坯上覆以电极浆材料,叠合后一次绕结成一块不可分割的整体,外面再用树脂包封而成小体积、大容量、高可靠和耐高温的新型电容器,高介电常数的低频独石电容器也具有稳定的性能,体积极小,Q 值高。因其容量误差较大,一般用于噪声旁路、滤波器、积分、振荡电路。

（6）纸质电容器

一般是用两条铝箔作为电极,中间以厚度为 $0.008 \sim 0.012$ mm 的电容器纸隔开重叠卷绕而成。制造工艺简单,价格便宜,能得到较大的电容量,一般在低频电路内使用,通常不能在高于 $3 \sim 4$ MHz 的频率上运用。油浸电容器的耐压比普通纸质电容器高,稳定性也好,适用于高压电路。

（7）微调电容器

微调电容器的电容量可在某一小范围内调整,并可在调整后固定于某个电容值。瓷介微调电容器的 Q 值高,体积也小,通常可分为圆管式及圆片式两种。

云母和聚苯乙烯介质的通常都采用弹簧式,结构简单,但稳定性较差。线绕瓷介微调电容器是采用拆铜丝（外电极）来变动电容量的,故容量只能变小,不适合在需反复调试的场合使用。

（8）陶瓷电容器

用高介电常数的电容器陶瓷（钛酸钡—氧化钛）挤压成圆管、圆片或圆盘作为介质,并用烧渗法将银镀在陶瓷上作为电极制成。它又分高频瓷介和低频瓷介两种。具有小的正电容温度系数的电容器,用于高稳定振荡回路中。

低频瓷介电容器限于在工作频率较低的回路中作旁路或隔直流用,或对稳定性和损耗要求不高的场合（包括高频在内）。这种电容器不宜使用在脉冲电路中,因为它们易于被脉冲电压击穿。

高频瓷介电容器适用于高频电路,就结构而言,可分为箔片式及被银式。被银式电极为直接在云母片上用真空蒸发法或烧渗法镀上银层而成,由于消除了空气间隙,温度系数大为下降,电容稳定性也比箔片式高,频率特性好,Q 值高,温度系数小,不能做成大的容量,广泛应用在高频电器中,并可用作标准电容器。

（9）玻璃釉电容器

玻璃釉电容器由一种浓度适于喷涂的特殊混合物喷涂成薄膜而成,介质再以银层电极经烧结而成"独石"结构性能可与云母电容器媲美,能耐受各种气候环境,一般可在 200 ℃ 或更高温度下工作,额定工作电压可达 500 V。

3.2.4　电容器主要特性参数

（1）标称电容量和允许偏差

标称电容量是标志在电容器上的电容量。

电容器实际电容量与标称电容量的偏差称误差，在允许的偏差范围称精度。

精度等级与允许误差对应关系如下：00(01)—±1%，0(02)—±2%，Ⅰ—±5%，Ⅱ—±10%，Ⅲ—±20%，Ⅳ—(+20%～10%)，Ⅴ—(+50%～20%)，Ⅵ—(+50%～30%)一般电容器常用Ⅰ、Ⅱ、Ⅲ级，电解电容器用Ⅳ、Ⅴ、Ⅵ级，根据用途选取。

（2）额定电压

额定电压是在最低环境温度和额定环境温度下可连续加在电容器的最高直流电压有效值，一般直接标注在电容器外壳上，如果工作电压超过电容器的耐压，电容器击穿，将造成不可修复的永久损坏。

（3）绝缘电阻

直流电压加在电容上，并产生漏电电流，两者之比称为绝缘电阻。绝缘电阻越大越好。

（4）损耗

电容在电场作用下，在单位时间内因发热所消耗的能量叫做损耗。各类电容都规定了其在某频率范围内的损耗允许值，电容的损耗主要由介质损耗、电导损耗和电容电极及引线部分的电阻所引起的。在直流电场的作用下，电容器的损耗以漏导损耗的形式存在，一般较小。在交变电场的作用下，电容的损耗不仅与漏导有关，而且与周期性的极化建立过程有关。

（5）频率特性

随着频率的上升，一般电容器的电容量呈现下降的规律。

3.2.5　电容器容量标示

（1）直标法

直标法就是用数字和单位符号直接标出。

如 $1\mu F$ 表示 1 微法，有些电容用 R 表示小数点，如 R56 表示 0.56 微法。

（2）文字符号法

文字符号法就是用数字和文字符号有规律的组合来表示容量。

如 p10 表示 0.1 pF，1p0 表示 1 pF，6p8 表示 6.8 pF，$2\mu 2$ 表示 2.2 μF。

（3）色标法

色标法是用色环或色点表示电容器的主要参数。电容器的色标法与电阻相同。

电容器偏差标志符号有 H—+100%～0，R—+100%～10%，T—+50%～10%，Q—+30%～10%，S—+50%～20%，Z—+80%～20%。

3.3 电感器

电感器又叫电感,是由导线绕在绝缘管上,导线彼此互相绝缘,而绝缘管可以是空心的,也可以包含铁芯或磁粉芯,简称电感。图 3.5 所示为几种电感器。用 L 表示,单位有亨利(H)、毫亨利 (mH)、微亨利(μH),1 H$=10^3$ mH$=10^6$ μH。

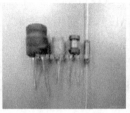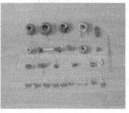

图 3.5 几种电感器

3.3.1 电感的分类

电感的分类通常有以下几种:

① 按电感形式分类:固定电感、可变电感。

② 按导磁体性质分类:空芯线圈、铁氧体线圈、铁芯线圈、铜芯线圈。

③ 按工作性质分类:天线线圈、振荡线圈、扼流线圈、陷波线圈、偏转线圈。

④ 按绕线结构分类:单层线圈、多层线圈、蜂房式线圈。

3.3.2 电感线圈的主要特性参数

① 电感量(L)。

电感量 L 表示线圈本身固有特性,与电流大小无关。除专门的电感线圈(色码电感)外,电感量一般不专门标注在线圈上,而以特定的名称标注。

② 感抗(XL)。

电感线圈对交流电流阻碍作用的大小称感抗,单位是欧姆。它与电感量 L 和交流电频率 f 的关系为 XL$=2\pi$fL。

③ 品质因素 Q。

品质因素 Q 是表示线圈质量的一个物理量,Q 为感抗 XL 与其等效的电阻的比值,即:Q =XL/R 。线圈的 Q 值愈高,回路的损耗愈小。线圈的 Q 值与导线的直流电阻、骨架的介质损耗、屏蔽罩或铁芯引起的损耗,高频趋肤效应的影响等因素有关。线圈的 Q 值通常为几十到几百。

④ 分布电容。

线圈的匝与匝间、线圈与屏蔽罩间、线圈与底版间存在的电容被称为分布电容。分布电容的存在使线圈的 Q 值减小,稳定性变差,因而线圈的分布电容越小越好。

3.3.3　常用电感线圈

① 单层线圈。

单层线圈是用绝缘导线一圈挨一圈地绕在纸筒或胶木骨架上。如晶体管收音机中波天线线圈。

② 蜂房式线圈。

如果所绕制的线圈,其平面不与旋转面平行,而是相交成一定的角度,这种线圈称为蜂房式线圈。导线旋转一周,来回弯折的次数,常称为折点数。蜂房式绕法的优点是体积小,分布电容小,而且电感量大。蜂房式线圈都是利用蜂房绕线机来绕制,折点越多,分布电容越小。

③ 铁氧体磁芯和铁粉芯线圈。

线圈的电感量大小与有无磁芯有关。在空芯线圈中插入铁氧体磁芯,可增加电感量,提高线圈的品质因素。

④ 铜芯线圈。

铜芯线圈在超短波范围应用较多,利用旋动铜芯在线圈中的位置来改变电感量,这种调整比较方便、耐用。

⑤ 色码电感器。

色码电感器是具有固定电感量的电感器,其电感量标志方法同电阻一样,以色环来标记。

⑥ 阻流圈(扼流圈)。

限制交流电通过的线圈称阻流圈,分高频阻流圈和低频阻流圈。

⑦ 偏转线圈。

偏转线圈是 CRT 电视机扫描电路输出级的负载。偏转线圈要求:偏转灵敏度高、磁场均匀、Q 值高、体积小、价格低。

3.3.4　变压器

变压器是变换交流电压、电流和阻抗的器件,当初级线圈中通有交流电流时,铁芯(或磁芯)中便产生交流磁通,使次级线圈中感应出电压(或电流)。变压器由铁芯(或磁芯)和线圈组成,线圈有两个或两个以上的绕组,其中接电源的绕组叫初级线圈,其余的绕组叫次级线圈。图 3.6 所示为几种变压器。

图 3.6　几种变压器

1. 变压器的分类

① 按冷却方式分类:干式(自冷)变压器、油浸(自冷)变压器、氟化物(蒸发冷却)变压器。

② 按防潮方式分类:开放式变压器、灌封式变压器、密封式变压器。

③ 按铁芯或线圈结构分类:芯式变压器(插片铁芯、C 型铁芯、铁氧体铁芯)、壳式变压器(插片铁芯、C 型铁芯、铁氧体铁芯)、环型变压器、金属箔变压器。

④ 按电源相数分类:单相变压器、三相变压器、多相变压器。

⑤ 按用途分类:电源变压器、调压变压器、音频变压器、中频变压器、高频变压器、脉冲变压器。

2. 电源变压器的特性参数

① 工作频率。

变压器铁芯损耗与频率关系很大,故应根据使用频率来设计和使用,这种频率称为工作频率。

② 额定功率。

额定功率指在规定的频率和电压下,变压器能长期工作,但变压器温升不超过规定温升的输出功率。

③ 额定电压。

额定电压指在变压器的线圈上所允许施加的电压,工作时不得大于规定值。

④ 电压比。

电压比指变压器初级电压和次级电压的比值,有空载电压比和负载电压比的区别。

⑤ 空载电流。

空载电流指变压器次级开路时,初级仍有一定的电流,这部分电流称为空载电流。空载电流由磁化电流(产生磁通)和铁损电流(由铁芯损耗引起)组成。对于 50 Hz 电源变压器而言,空载电流基本上等于磁化电流。

⑥ 空载损耗。

空载损耗指变压器次级开路时,在初级测得功率损耗。主要损耗是铁芯损耗,其次是空载电流在初级线圈铜阻上产生的损耗(铜损),这部分损耗很小。

⑦ 效率。

效率指指次级功率与初级功率比值的百分比。通常变压器的额定功率愈大,效率就愈高。

⑧ 绝缘电阻。

绝缘电阻表示变压器各线圈之间、各线圈与铁芯之间的绝缘性能。绝缘电阻的高低与所使用的绝缘材料的性能、温度高低和潮湿程度有关。

3. 音频变压器和高频变压器特性参数

① 频率响应指变压器次级输出电压随工作频率变化的特性。

② 通频带。如果变压器在中间频率的输出电压为 U_o,当输出电压(输入电压保持不变)下降到 $0.707U_o$ 时的频率范围,称为变压器的通频带,简称 B。

③ 初、次级阻抗比。变压器初、次级接入适当的阻抗,使变压器初、次级阻抗匹配,则初级阻抗和次级阻抗的比值称为初、次级阻抗比。在阻抗匹配的情况下,变压器工作在最佳状态,传输效率最高。

3.4　半导体器件

　　半导体器件是指由半导体材料制成的电子器件,这些半导体材料是硅、锗或砷化镓,可用作整流器、振荡器、发光器、放大器、测光器等器材。这里主要介绍最常用的二极管、三极管、场效应管和集成电路。

3.4.1　二极管

　　二极管的基本结构是由一块 P 型半导体和一块 N 型半导体结合在一起形成一个 PN 结。在 PN 结的交界面处,由于 P 型半导体中的空穴和 N 型半导体中的电子要相互向对方扩散而形成一个具有空间电荷的偶极层。这偶极层阻止了空穴和电子的继续扩散而使 PN 结达到平衡状态。当 PN 结的 P 端(P 型半导体那边)接电源的正极而另一端接负极时,空穴和电子都向偶极层流动而使偶极层变薄,电流很快上升。如果把电源的方向反过来接,则空穴和电子都背离偶极层流动而使偶极层变厚,同时电流被限制在一个很小的饱和值内(称反向饱和电流)。因此,PN 结具有单向导电性。此外,PN 结的偶极层还起一个电容的作用,这电容随着外加电压的变化而变化。在偶极层内部电场很强。当外加反向电压达到一定阈值时,偶极层内部会发生雪崩击穿而使电流突然增加几个数量级。

　　利用 PN 结的这些特性制成的二极管有:整流二极管、检波二极管、变频二极管、变容二极管、开关二极管、稳压二极管(曾讷二极管)、崩越二极管(碰撞雪崩渡越二极管)和俘越二极管(俘获等离子体雪崩渡越时间二极管)等。此外,还有利用 PN 结特殊效应的隧道二极管,以及没有 PN 结的肖脱基二极管和耿氏二极管等。图 3.7 所示为几种二极管。

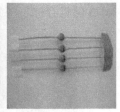

图 3.7　几种二极管

　　普通二极管一般为玻璃封装和塑料封装,外壳上均印有型号和标记。标记有箭头、色点、色环三种。箭头所指方向或靠近色环一端为阴极,有色点一端为阴极。如图 3.8 所示。

图 3.8　二极管的阴阳极

3.4.2　三极管

　　三极管是由两个 PN 结构成,其中一个 PN 结称为发射结,另一个称为集电结。两个结之间的一薄层半导体材料称为基区。接在发射结一端和集电结一端的两个电极分别称为发射极和集电极。接在基区上的电极称为基极。在应用时,发射结处于正向偏置,集电极处于反向偏置。通过发射结的电流使大量的少数载流子注入到基区里,这些少数载流子靠扩散迁移到集电结而形成集电极电流,只有极少量的少数载流子在基区内复合而形成基极电流。集电极电流与基极电流之比称为共发射极电流放大系数。在共发射极电路中,微小的基极电流变化可以控制很大的集电极电流变化,这就是双极型晶体管的电流放大效应。

双极型晶体管可分为 NPN 型和 PNP 型两类。图 3.9 所示为几种三极管。

图 3.9　几种三极管

3.4.3　集成电路

把晶体二极管、三极管以及电阻电容都制作在同一块硅芯片上,称为集成电路。一块硅芯片上集成的元件数小于 100 个的称为小规模集成电路,从 100 个元件到 1000 个元件的称为中规模集成电路,从 1000 个元件到 100000 个元件的称为大规模集成电路,100000 个元件以上的称为超大规模集成电路。集成电路是当前发展计算机所必需的基础电子器件。许多工业先进国家都十分重视集成电路工业的发展。近十年来集成电路的集成度以每年增加一倍的速度在增长。目前每个芯片上集成 256 千位的 MOS 随机存储器已研制成功,研究者们正在向 1 兆位 MOS 随机存储器探索。图 3.10 所示为几种集成电路。

图 3.10　几种集成电路

3.4.4　半导体器件型号命名方法

1. 国产半导体器件型号及命名方法

半导体器件型号由五部分(场效应器件、半导体特殊器件、复合管、PIN 型管、激光器件的型号命名只有第三、四、五部分)组成。

五个部分意义分别如下:

① 第一部分:用数字表示半导体器件有效电极数目。

例如:2—二极管,3—三极管。

② 第二部分：用汉语拼音字母表示半导体器件的材料和极性。

例如：A—N 型锗材料、B—P 型锗材料、C—N 型硅材料、D—P 型硅材料。三极管表示例如：A—PNP 型锗材料、B—NPN 型锗材料、C—PNP 型硅材料、D—NPN 型硅材料。

③ 第三部分：用汉语拼音字母表示半导体器件的内型。

P—普通管、V—微波管、W—稳压管、C—参量管、Z—整流管、L—整流堆、S—隧道管、N—阻尼管、U—光电器件、K—开关管、X—低频小功率管（F<3 MHz，Pc<1 W）、G—高频小功率管（f>3 MHz，Pc<1 W）、D—低频大功率管（f<3 MHz，Pc>1 W）、A—高频大功率管（f>3 MHz，Pc>1 W）、T—半导体晶闸管（可控整流器）、Y—体效应器件、B—雪崩管、J—阶跃恢复管、CS—场效应管、BT—半导体特殊器件、FH—复合管、PIN—PIN 型管、JG—激光器件。

④ 第四部分：用数字表示序号。

⑤ 第五部分：用汉语拼音字母表示规格号。

例如：3DG18 表示 NPN 型硅材料高频三极管。

2. 日本半导体器件型号及命名方法

日本生产的半导体分立器件，由五至七部分组成。通常只用到前五个部分，其各部分的符号意义分别如下：

① 第一部分：用数字表示器件有效电极数目或类型。0—光电（即光敏）二极管三极管及上述器件的组合管、1—二极管、2—三极管或具有两个 PN 结的其他器件、3—具有四个有效电极或具有三个 PN 结的其他器件……依此类推。

② 第二部分：日本电子工业协会 JEIA 注册标志。S—表示已在日本电子工业协会 JEIA 注册登记的半导体分立器件。

③ 第三部分：用字母表示器件使用材料极性和类型。A—PNP 型高频管、B—PNP 型低频管、C—NPN 型高频管、D—NPN 型低频管、F—P 控制极可控硅、G—N 控制极可控硅、H—N 基极单结晶体管、J—P 沟道场效应管、K—N 沟道场效应管、M—双向可控硅。

④ 第四部分：用数字表示在日本电子工业协会 JEIA 登记的顺序号。两位以上的整数从"11"开始，表示在日本电子工业协会 JEIA 登记的顺序号；不同公司的性能相同的器件可以使用同一顺序号；数字越大，越是近期产品。

⑤ 第五部分：用字母表示同一型号的改进型产品标志。A、B、C、D、E、F 表示这一器件是原型号产品的改进产品。

3. 美国半导体器件型号及命名方法

美国晶体管或其他半导体器件的命名法较混乱。美国电子工业协会半导体分立器件命名方法如下：

① 第一部分：用符号表示器件用途的类型。JAN—军级、JANTX—特军级、JANTXV—超特军级、JANS—宇航级、（无）—非军用品。

② 第二部分：用数字表示 PN 结数目。1—二极管、2—三极管、3—三个 PN 结器件。

③ 第三部分：美国电子工业协会（EIA）注册标志。N—该器件已在美国电子工业协会（EIA）注册登记。

④ 第四部分：美国电子工业协会登记顺序号。通常为多位数字。

⑤ 第五部分：用字母表示器件分档。用 A，B，C，D 代表同一型号器件的不同档别。如：

JAN2N3251A 表示 PNP 硅高频小功率开关三极管，JAN—军级、2—三极管、N—EIA 注册标志、3251—EIA 登记顺序号、A—2N3251A 档。

4. 国际电子联合会半导体器件型号命名方法

德国、法国、意大利、荷兰、比利时等欧洲国家以及匈牙利、罗马尼亚、南斯拉夫、波兰等东欧国家，大都采用国际电子联合会半导体分立器件型号命名方法。这种命名方法由四个基本部分组成，各部分的符号及意义如下：

① 第一部分：用字母表示器件使用的材料。A—器件使用材料的禁带宽度 Eg＝0.6～1.0 eV，如锗；B—器件使用材料的 Eg＝1.0～1.3 eV，如硅；C—器件使用材料的 Eg＞1.3 eV，如砷化镓；D—器件使用材料的 Eg＜0.6 eV，如锑化铟；E—器件使用复合材料及光电池使用的材料。

② 第二部分：用字母表示器件的类型及主要特征。A—检波开关混频二极管、B—变容二极管、C—低频小功率三极管、D—低频大功率三极管、E—隧道二极管、F—高频小功率三极管、G—复合器件及其他器件、H—磁敏二极管、K—开放磁路中的霍尔元件、L—高频大功率三极管、M—封闭磁路中的霍尔元件、P—光敏器件、Q—发光器件、R—小功率晶闸管、S—小功率开关管、T—大功率晶闸管、U—大功率开关管、X—倍增二极管、Y—整流二极管、Z—稳压二极管。

③ 第三部分：用数字或字母加数字表示登记号。用三位数字代表通用半导体器件的登记序号、一个字母加二位数字表示专用半导体器件的登记序号。

④ 第四部分：用字母对同一类型号器件进行分档。用 A，B，C，D，E 表示同一型号的器件按某一参数进行分档的标志。除四个基本部分外，有时还加后缀，以区别特性或进一步分类。

3.5 继电器

继电器是一种电子控制器件，它具有控制系统（又称输入回路）和被控制系统（又称输出回路），通常应用于自动控制电路中，它实际上是用较小的电流去控制较大电流的一种——自动开关。故在电路中起着自动调节、安全保护、转换电路等作用。图 3.11 所示是几种继电器。

图 3.11 几种继电器

3.5.1 继电器的工作原理和特性

常用的继电器有电磁继电器、热敏干簧继电器和固态继电器(SSR)。

1.电磁继电器的工作原理和特性

电磁式继电器一般由铁芯、线圈、衔铁、触点簧片等组成的。只要在线圈两端加上一定的电压,线圈中就会流过一定的电流,从而产生电磁效应,衔铁就会在电磁力吸引的作用下克服返回弹簧的拉力吸向铁芯,从而带动衔铁的动触点与静触点(常开触点)吸合。当线圈断电后,电磁的吸力也随之消失,衔铁就会在弹簧的反作用力作用下返回原来的位置,使动触点与原来的静触点(常闭触点)吸合。通过这样的吸合、释放,达到在电路中的导通、切断的目的。

对于继电器的常开、常闭触点,可以这样来区分:继电器线圈未通电时处于断开状态的静触点,称为常开触点;反之处于接通状态的静触点,称为常闭触点。

2.热敏干簧继电器的工作原理和特性

热敏干簧继电器是一种利用热敏磁性材料检测和控制温度的新型热敏开关。它由感温磁环、恒磁环、干簧管、导热安装片、塑料衬底及其他一些附件组成。热敏干簧继电器不用线圈励磁,而由恒磁环产生的磁力驱动开关动作。恒磁环能否向干簧管提供磁力是由感温磁环的温控特性决定的。

3.固态继电器(SSR)的工作原理和特性

固态继电器是一种两个接线端为输入端,另两个接线端为输出端的四端器件,中间采用隔离器件实现输入输出的电隔离。固态继电器按负载电源类型可分为交流型和直流型。按开关状态可分为常开型和常闭型。按隔离型式可分为混合型、变压器隔离型和光电隔离型,以光电隔离型为最多。

3.5.2 继电器主要产品技术参数

(1)额定工作电压

额定工作电压是指继电器正常工作时线圈所需要的电压。根据继电器的型号不同,可以是交流电压,也可以是直流电压。

(2)直流电阻

直流电阻是指继电器中线圈的直流电阻,可以通过万能表测量。

(3)吸合电流

吸合电流是指继电器能够产生吸合动作的最小电流。在正常使用时,给定的电流必须略大于吸合电流,这样继电器才能稳定地工作。而对于线圈所加的工作电压,一般不要超过额定工作电压的 1.5 倍,否则会产生较大的电流烧毁线圈。

(4)释放电流

释放电流是指继电器产生释放动作的最大电流。当继电器吸合状态的电流减小到一定程度时,继电器就会恢复到未通电的释放状态。这时的电流远远小于吸合电流。

(5)触点切换电压和电流

触点切换电压和电流是指继电器允许加载的电压和电流。它决定了继电器能控制电压和电流的大小,使用时不能超过此值,否则很容易损坏继电器的触点。

3.5.3　继电器测试

（1）测触点电阻

用万用表的电阻档，测量常闭触点与动点电阻，其阻值应为 0；而常开触点与动点的阻值就为无穷大。由此可以区别出哪个是常闭触点，哪个是常开触点。

（2）测线圈电阻

可用万用表 R×10 Ω 档测量继电器线圈的阻值，从而判断该线圈是否存在着开路。

（3）测量吸合电压和吸合电流

用可调稳压电源给继电器输入一组电压，在供电回路中串入电流表进行监测。慢慢调高电源电压，听到继电器吸合时，记下该吸合电压和吸合电流。为求准确，可以多测几次求平均值。

（4）测量释放电压和释放电流

同时按上述方法连接，当继电器发生吸合后，再逐渐降低供电电压，当听到继电器再次发生释放声音时，记下此时的电压和电流，亦可尝试多试几次而取得平均的释放电压和释放电流。一般情况下，继电器的释放电压约在吸合电压的 10%～50%，如果释放电压太小（小于 1/10 的吸合电压），则不能正常使用了，这样会对电路的稳定性造成威胁，工作不可靠。

3.5.4　继电器的符号和触点形式

继电器线圈在电路中用一个长方框符号表示，如果继电器有两个线圈，就画两个并列的长方框。同时在长方框内或长方框旁标上继电器的文字符号"J"。

继电器的触点有两种表示方法：一种是把它们直接画在长方框一侧，这种表示法较为直观。另一种是按照电路连接的需要，把各个触点分别画到各自的控制电路中，通常在同一继电器的触点与线圈旁分别标注上相同的文字符号，并将触点组编上号码，以示区别。

继电器的触点有三种基本形式：

① 动合型（H 型）。线圈不通电时两触点是断开的，通电后，两个触点就闭合。以"合"字的拼音字头 H 表示。

② 动断型（D 型）。线圈不通电时两触点是闭合的，通电后两个触点就断开。用"断"字的拼音字头 D 表示。

③ 转换型（Z 型）。这是触点组型。这种触点组共有三个触点，即中间是动触点，上下各一个静触点。线圈不通电时，动触点和其中一个静触点断开和另一个闭合，线圈通电后，动触点就移动，使原来断开的变为闭合，原来闭合的变为断开状态，达到转换的目的。这样的触点组称为转换触点。用"转"字的拼音字头 Z 表示。

表 3.2　继电器的符号

	继电器一般符号		缓放继电器
	缓吸继电器		快速继电器

续表 3.2

~	交流继电器		先断后合转换触点
	动断(常闭)触点		先合后断转换触点
	中间断开的双向触点		双动断换触点
	双动合触点		

3.5.5 继电器的选用

(1) 先了解必要的条件

① 控制电路的电源电压,能提供的最大电流;

② 被控制电路中的电压和电流;

③ 被控电路需要几组、什么形式的触点。选用继电器时,一般控制电路的电源电压可作为选用的依据。控制电路应能给继电器提供足够的工作电流,否则继电器吸合是不稳定的。

(2) 选择合适的继电器

查阅有关资料确定使用条件后,可查找相关资料,找出所需继电器的型号和规格号。若手头已有继电器,可依据资料核对是否可以利用。最后考虑尺寸是否合适。

(3) 注意器具的容积

若是用于一般用电器,除考虑机箱容积外,小型继电器主要考虑电路板安装布局。对于小型电器,如玩具、遥控装置则应选用超小型继电器产品。

3.6 常用接插件

接插件也叫连接器,它可以简化电子产品的装配过程,使产品易于维修和升级,还可以提高产品设计的灵活性。如图 3.12 所示。

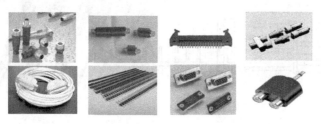

图 3.12 几种常用的接插件

按照外形结构特征分类,常见的有圆形接插件、矩形接插件、印制板接插件、带状电缆接插件等。

（1）圆形接插件

圆形接插件的插头具有圆筒状外形，插座焊接在印制电路板上或紧固在金属机箱上，插头与插座之间有插接和螺接两类连接方式，广泛用于系统内各种设备之间的电气连接。插接方式的圆形接插件用于插拔次数较多、连接点数少且电流不超过 1A 的电路连接，老式的台式计算机键盘、鼠标插头（PS/2 端口）就属于这一种。

（2）矩形接插件

矩形接插件的体积较大，电流容量也较大，并且矩形排列能够充分利用空间，所以这种接插件被广泛用于印刷电路板上安培级电流信号的互相连接。有些矩形接插件带有金属外壳及锁紧装置，可以用于机外的电缆之间以及电路板与面板之间的电气连接。

（3）印制板接插件

用于印制电路板之间的直接连接，外形是长条形，结构有直接型、绕接型、间接型等形式。插头由印制电路板（"子"板）边缘上镀金的排状铜箔条（俗称"金手指"）构成；插座根据设计要求订购，焊接在"母"板上。"子"电路板插入"母"电路板上的插座，就连接了两个电路。

印制板插座的型号很多，主要规格有排数（单排、双排）、针数（引线数目，从 7 线到近 200线不等）、针间距（相邻接点簧片之间的距离）以及有无定位装置、有无锁定装置等。从台式计算机的主板上最容易见到符合不同的总线规范的印制板插座，用户选择的显卡、声卡等就是通过这种插座与主板实现连接。

（4）同轴接插件

同轴接插件又叫做射频接插件或微波接插件，用于传输射频信号、数字信号的同轴电缆之间连接，工作频率可达到数千兆赫兹以上。

（5）带状电缆接插件

带状电缆是一种扁平电缆，从外观看像是几十根塑料导线并排粘合在一起。带状电缆占用空间小，轻巧柔韧，布线方便，不易混淆。带状电缆插头是电缆两端的连接器，它与电缆的连接不用焊接，而是靠压力使连接端内的刀口刺破电缆的绝缘层实现电气连接，工艺简单可靠。

（6）插针式接插件

插针式接插件常见到两类，图 3.13 中（a）为民用消费电子产品常用的插针式接插件，插座可以装配焊接在印制电路板上，插头压接（或焊接）导线，连接印制板外部的电路部件。图（b）所示接插件为数字电路常用，插头、插座分别装焊在两快印制电路板上，用来连接两者。这种接插件比标准的印制板体积小，连接更加灵活。

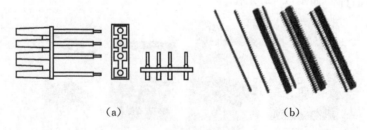

(a)　　　　　　　　　　　　　　　　　　(b)

图 3.13　插针式接插件

（7）D 形接插件

这种接插件的端面很像字母 D，具有非对称定位和连接锁紧机构。常见的接点数有 9、

15、25、37 等几种,连接可靠,定位准确,用于电器设备之间的连接。典型的应用有计算机的
RS232 串行数据接口和 LPT 并行数据接口(打印机接口)。

(8) 条形接插件

条形接插件如图 3.14 所示,广泛用于印制电路板与导线的连接。接插件的插针间距有
2.54 mm(额定电流 1.2 A)和 3.96 mm(额定电流 3 A)两种,工作电压 250 V,接触电阻约
0.01 Ω。插座焊接在电路板上,导线压接在插头上,压接质量对连接可靠性的影响很大。这
种接插件保证插拔次数约 30 次。

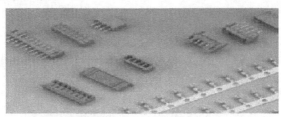

图 3.14　条形接插件

(9) 音视频接插件

这种接插件也称 AV 连接器,用于连接各种音响设备、摄录像设备、视频播放设备,传输音
频、视频信号。音视频接插件有很多种类,常见有耳机/话筒插头座和莲花插头座。

(10) 直流电源接插件

这种接插件用于连接小型电子产品的便携式直流电源,例如"随身听"收录机(walkman)
的小电源和笔记本电脑的电源适配器(AC adaptor)都是使用这类接插件连接。如图 3.15 所
示为几种直流电源接插件。插头的额定电流一般在2~5A范围内,尺寸有三种规格,外圆直径×内
孔直径为 3.4×1.3、5.5×2.1、5.5×2.5(mm)。

图 3.15　几种直流电源接插件

习　题

1. 电子元器件的主要参数有哪几项?

2. 在电子元器件上常用的数值标注方法有哪三种? 已知电阻上色标排列次序如下,试写
出各自对应的电阻值及允许偏差:

"橙白黄　金" 、"棕黑金　金"、"绿蓝黑棕　棕"、"灰红黑银　棕"

3. 电容器如何命名,如何分类?

4. 简述接插件的分类,列举常用接插件的结构、特点及用途。

第4章 常用仪器仪表

4.1 万用表

　　万用表是电子制作中必备的测试工具。它具有测量电流、电压和电阻等多种功能。万用表有指针式万用表和数字式万用表，如4.1图中所示。

(a)指针式万用表　　　　　　　　　　(b)数字式万用表

图4.1　万用表

4.1.1　指针式万用表和数字式万用表的选用

　　① 指针表读取精度较差，但指针摆动的过程比较直观，其摆动速度幅度有时也能比较客观地反映了被测量值的大小；数字表读数直观，但数字变化的过程看起来很杂乱，不太容易观看。

　　② 指针表内一般有两块电池，一块低电压的1.5 V，一块是高电压的9 V或15 V，其黑表笔相对红表笔来说是正端。数字表常用一块6 V或9 V的电池。在电阻档，指针表的表笔输出电流相对数字表来说要大很多，用 R×1Ω 档可以使扬声器发出响亮的"哒"声，用 R×10 kΩ 档甚至可以点亮发光二极管(LED)。

　　③ 在电压测量档，指针表内阻相对数字表来说比较小，测量精度相比较差。某些高电压微电流的场合甚至无法测准，因为其内阻会对被测电路造成影响(比如在测电视机显像管的加速级电压时测量值会比实际值低很多)。数字表电压档的内阻很大，至少在 MΩ 级，对被测电路影响很小。但极高的输出阻抗使其易受感应电压的影响，在一些电磁干扰比较强的场合测出的数据可能不真实。

　　④ 总之，在相对来说大电流高电压的模拟电路测量中适用指针表，比如电视机、音响功放。在低电压小电流的数字电路测量中适用数字表，比如 MP3、手机等。但这也不是绝对的，可根据情况选用指针表和数字表。

▶ 4.1.2　指针式万用表的使用方法

指针式万用表具有指示直观,测量速度快等优点,但它的输入电阻小,误差较大,所以一般用于测量可变的电压电流值,通过观察表头指针的摆动来看电压电流的变化范围。

指针式万用表由表头、测量电路及转换开关组成。标度盘、调零扭、测试插孔等装在面板上。各种万用表的功能略有不同,但是最基本的功能有四种:一是测试直流电流,二是测试直流电压,三是测试交流电压,四是测试交流或直流电阻。有的万用表可以测量音频电平、交流电流、电容、电感及晶体管的特殊值等,由于这些功能的不同,万用表的外形布局也有差异。

为了用万用表测量电压、电流、电阻等多种量值,且有多个量程,就需通过测量电路把被测量变换成磁电式表头所能接受的直流电流。万用表的功能越多,其测量电路越复杂。在测试电流、电压等的电路中有许多电阻器。在测试交流电压的电路中还包含有整流器件,在测试直流电阻的测量电路中还应有干电池作电源。

指针式万用表的转换开关是用来选择被测量量值的种类和量程的切换器件。它包含有若干固定接触点和活动接触点,当固定触点和活动点闭合时就可以接通电路。其中固定触点一般被称之为"掷",活动点一般被称之为"刀"。转换开关时,刀与不同的掷闭合,构成不同的测量电路,另外,各种转换开关的刀和掷随其结构不同而数量也各有不同。万用表常用的转换开关有四刀三掷、单刀九掷、双刀十一掷等。

▶ 4.1.3　指针式万用表使用时的注意事项

① 在使用万用表之前,应先进行"机械调零",即在没有被测电量时 ,使万用表指针指在零电压或零电流的位置上。

② 在使用万用表过程中,不能用手去接触表笔的金属部分 ,这样一方面可以保证测量的准确,另一方面也可以保证人身安全。

③ 在测量某一电量时,不能在测量的同时换档,尤其是在测量高电压或大电流时,更应注意。否则,会使万用表毁坏。如需换档,应先断开表笔,换档后再去测量。

④ 万用表在使用时,必须水平放置,以免造成误差。同时,还要注意到避免外界磁场对万用表的影响。

⑤ 万用表使用完毕,应将转换开关置于交流电压的最大档。如果长期不使用 ,还应将万用表内部的电池取出来,以免电池腐蚀表内其他器件。

▶ 4.1.4　指针式万用表的读数

下面以 MF30 型万用表为例,说明万用表的读数。MF30 型指针式万用表如图 4.2 所示。

图 4.2 中最外圈刻度线是电阻值指示,最左端是无穷大,右端为零,当中刻度不均匀。电阻档有 R×1、R×10、R×100、R×1k、R×10k 六档,实际的电阻值(单位为 Ω)为表针指示值乘以档位所对应的倍数。例如用 R×100 档测一电阻,指针指示为"10",那么它的电阻值为 $10×100=1000$,即 1 kΩ。

紧贴着最外圈刻度线的次外圈刻度线是 500 V 档和 500 mA 档共用,需要注意的是电压档、电流档的指示原理不同于电阻档,例如 5 V 档表示该档只能测量 5 V 以下的电压,500 mA档只能测量 500 mA 以下的电流,若是超过量程,就会损坏万用表。

图 4.2　MF30 型指针式万用表

最内圈的刻度线是测量交流电压和分贝数的刻度线。

4.1.5　指针式万用表对常用器件的测量

(1)电阻的测量

用万用表测量电阻前,首先应该将表笔短接,拧动调零电位器调零,使指针在欧姆零位上。而且每次换档之后也需重新调整调零电位器调零。在选择欧姆档位时,尽量选择被测阻值在接近表盘中心阻值读数的位置,以提高测试结果的精确度;如果被测电阻在电路板上,则应焊开其中一脚方可测试,否则若电阻有其他分流器件,读数不准确。测量阻值电阻时,不要两手手指分别接触表笔与电阻的引脚,以防人体分流,增加误差。

(2)对地测量电阻值

所谓对地测量电阻值,即是用万用表红表笔接地,黑表笔接被测量的元件的其中一个点,测量该点对地电阻值,当测得点的电阻值与正常值比较相差较大的情况下,说明该部分电路存在故障,如滤波电容漏电、电阻开路或集成 IC 损坏等。

(3)晶体管的测量

把万用表的量程转换到欧姆档 R×100 或 R×1 k 档来测量二极管。不能用 R×10 和 R×10 k 档。因为在 R×10 档时,万用表内部电阻太小,通过二极管的电流太大,易损坏二极管,在 R×10 k 档时,万用表内部电阻太大,内部电压较高,容易击穿耐压较低的二极管。如果测出的电阻只有几百欧到几千欧(正向电阻),则应把红、黑表笔对换一下再测,如果这时测出的电阻值是几百千欧(反向电阻),说明该二极管可以使用。当测量正向电阻值时,红表笔所测的那一头是二极管的负极,而黑表笔所测的一头是该二极管的正极(二极管的单向导电特性)。

通过测量正反向电阻值,可以检查二极管的好坏,一般要求反向电阻比正向电阻大几百倍。也就是说,正向电阻越小越好,反向电阻则是越大越好。

(4)交流电压的测量

我们可以用万用表的直流电压档和交流电压档分别测量直流和交流电的电压值,测量的时候把万用表与被测电路以并联的形式连接上。要选择表头指针接近满刻度偏转 2/3 的量程。如果电路上的电压大小估计不出来,就要先用大的量程,粗略测量后再用合适的量程,这样可以防止出于电压过高而损坏万用表。在测量直流电压时,要把万用表的红表笔触在被测的电路正极,而把黑笔触到电路的负极上,千万不能搞反。在测量比较高的电压时应该特别注意两手分别握住红、黑表笔的绝缘部分去测量,或先将一支表笔固定在一端,而后触及被测试点。

4.1.6　数字万用表的使用

目前,数字式测量仪表已成为主流。与模拟式仪表相比,数字式仪表灵敏度高,准确度高,显示清晰,过载能力强,便于携带,使用更简单。下面以 VC9802 型数字万用表为例,简单介绍其使用方法和注意事项。图 4.3 所示为数字万用表前后面板。

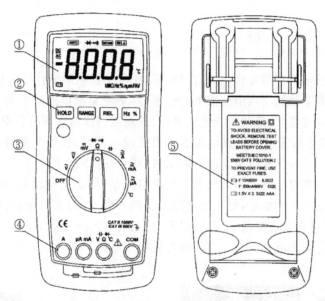

①—显示屏;②—显示保持按钮;③—转换开关;④—测量笔插孔;⑤—注意事项标签

图 4.3　数字式万用表的前后面板

(1) 使用方法

① 使用前,应认真阅读有关的使用说明书,熟悉电源开关、量程开关、插孔、特殊插口的作用。

② 将电源开关置于 ON 位置(或置离 OFF 位置)。

③ 交直流电压的测量:根据需要将量程开关拨至 DCV(直流)或 ACV(交流)的合适量程,红表笔插入 V/Ω 孔,黑表笔插入 COM 孔,并将表笔与被测线路并联。

④ 交直流电流的测量:将量程开关拨至 DCA(直流)或 ACA(交流)档,红表笔插入 mA 孔(<200 mA 时)或 10 A 孔(>200 mA 时),黑表笔插入 COM 孔,并将万用表串联在被测电路中即可。测量直流量时,数字万用表能自动显示极性。

⑤ 电阻的测量:将量程开关拨至 Ω 的合适量程,红表笔插入 V/Ω 孔,黑表笔插入 COM 孔。如果被测电阻值超出所选择量程的最大值,万用表将显示"1",这时应选择更高的量程。测量电阻时,红表笔为正极,黑表笔为负极,这与指针式万用表正好相反。因此,测量晶体管、电解电容器等有极性的元器件时,必须注意表笔的极性。

(2) 数字式万用表使用注意事项

① 如果无法预先估计被测电压或电流的大小,则应先拨至最高量程挡测量一次,再视情

况逐渐把量程减小到合适位置。测量完毕,应将量程开关拨到最高电压档,并关闭电源。

② 满量程时,仪表仅在最高位显示数字"1",其他位均消失,这时应选择更高的量程。

③ 测量电压时,应将数字万用表与被测电路并联。测电流时应与被测电路串联,测直流量时不必考虑正、负极性。

④ 当误用交流电压档去测量直流电压,或者误用直流电压档去测量交流电压时,显示屏将显示"000",或低位上的数字出现跳动。

⑤ 禁止在测量高电压(220 V 以上)或大电流(0.5 A 以上)时换量程,以防止产生电弧,烧毁开关触点。

⑥ 当显示"BATT"或"LOW BAT"时,表示电池电压低于工作电压。

4.2 直流稳压电源

几乎所有的电子电路都需要稳定的直流电源,在电子产品的设计和试验过程中,必须要有合适的直流电源及调节装置。当由交流电网供电时,则需要把电网供给的交流电转换为稳定的直流电。交流电经过整流、滤波后变成直流电,虽然能够作为直流电源使用,但是,由于电网电压的波动,会使整流后输出的直流电压也随着波动。同时,使用中负载电流也是不断变动的,有的变动幅度很大,当它流过整流器的内阻时,就会在内阻上产生一个波动的电压降,这样输出电压也会随着负载电流的波动而波动。负载电流小,输出电压就高,负载电流大,输出电压就低。直流电源电压产生波动,会引起电路工作的不稳定,对于精密的测量仪器、自动控制或电子计算装置等,将会造成测量、计算的误差,甚至根本无法正常工作。因此,通常都需要电压稳定的直流稳压电源供电。图 4.4 为几种直流稳压电源。

图 4.4 几种直流稳压电源

市面上有各种各样厂家生产的直流稳压电源,但种类上不外乎单路或多路、指针或数显几种,下面 HY 型为例,介绍一般直流稳压电源的性能指标及使用方法。

HY3002-2 型双路直流稳压电源具有稳压、稳流两种工作模式,这两种工作模式可随负载的变化而自动转换。两路电源可以分别调整,也可跟踪调整,因此可以构成单极性或双极性电源。

该类型电源具有较强的过流与输出短路保护功能,当外接负载过重或输出短路时电源会自动地进入稳流工作状态。电源输出电压(电流)值由面板上的数字表直接显示,直观准确。

4.2.1　HY3002-2 型电源的主要性能指标

输入电压：　　　110/220 V ± 10％AC

输入功率：　　　250 VA

输出电压：　　　2×0～30 V

输出电流：　　　2×0～2 A

负载效应：　　　≤ 0.01％ ± 5 mV

源效应：　　　　CV ≤ 0.01％ ± 1 mV；CC ≤ 0.01％ ± 1 mA

周期与随机偏差：稳压 1 mV；稳流 5 mA

输出调节分辨率：稳压 20 mV；稳流 50 mA

纹波和噪声：　　≤ 1 mVrms

跟踪误差：　　　$5×10^{-4}+2$ mV

瞬态恢复时间：　20 mV,50 μS

数显精度：　　　电压 1％+6 个字；电流 2％+10 个字

温度范围：　　　工作温度 0～+40 ℃；储存温度 0～+45 ℃

可靠性：　　　　＞5000 小时

4.2.2　电源面板各部件的作用与使用方法

HY3002-2 型双路直流稳压电源的面板如图 4.5 所示。

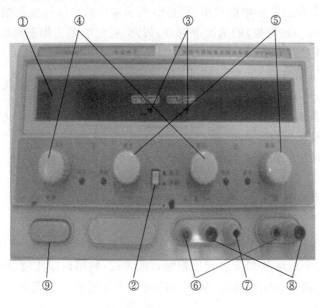

图 4.5　直流稳压电源面板图

（1）各部件的作用：

① 数字显示窗：显示左、右两路电源输出电压/电流的值。

② 电压跟踪按键：此键按下,左右两路电源的输出处于跟踪状态,此时两路的输出电压由左路的电压调节旋钮调节。此键弹出为非跟踪状态,左右两路电源的输出单独调节。

③ 数字显示切换开关：此开关置右数字显示窗显示输出电流值，此开关置左显示输出电压值。

④ 输出电压调节旋钮：调节左、右两路电源输出电压的大小。

⑤ 输出电流调节旋钮：调节电源进入稳流状态时的输出电流值，该值便为稳压工作模式的最大输出电流（达到该值时电源自动进入稳流状态），所以在电源处于稳压状态时，输出电流不可调得过小，否则电源进入稳流状态，就不能提供足够的电流。

⑥ 左、右两路电源输出的正极接线柱。

⑦ 左、右两路电源接地接线柱。此接线柱与电源的机壳相连，并未与电源的正极或负极连接。可通过接地短路片将其与电源的正极或负极相连接。

⑧ 左、右两路电源输出的负极接线柱。

⑨ 电源开关：交流输入电源开关。

(2)使用时应注意的几个问题

① 输出电压的调节最好在负载开路时进行，输出电流的调节最好在负载短路时进行。

② 如上所述，使用输出电流调节旋钮设置电源进入稳流状态的输出电流值，该值便为稳压工作模式的最大输出电流，也是稳压、稳流两种工作状态自动转换的电流阈值。因此，当电源作为稳压电源工作时，如果上述电流阈值不够大，减小负载电阻使输出电流增加到阈值后就不会再增加，电源失去稳压作用，可能会出现输出电压下降的现象。此时应调节电流设置旋钮加大输出电流的阈值，以能带动较重的负载。同样，在作为稳流电源工作时，其电压阈值也应适当调大一些。

③ 电压跟踪调节仅在左路电源输出正电压（电源输出的负极与地短接），右路电源输出负电压（电源输出的正极与地短接）的情况下有效，因此，要使电源工作于跟踪状态应先检查电源的接地短路片的位置是否合适。

④ 开启前将电压调为零。

⑤ 使用电压源，V/A 弹出。

⑥ 调流旋钮旋至最小，再顺时针旋转 30°(注意：不能调为 0，否则将没有电流输出)。

⑦ 连线并检查确保无误。

⑧ 开启后逐步增大到需要的电压值。

4.3 函数信号发生器

信号发生器广泛应用于电子工程、通信工程、自动控制、遥测控制、测量仪器、仪表和计算机等技术领域。采用集成运放和分立元件相结合的方式，利用迟滞比较器电路产生方波信号，以及充分利用差分电路进行电路转换，从而设计出一个能变换出三角波、正弦波、方波的简易信号发生器。

信号发生器一般区分为函数信号发生器及任意波形发生器，而函数波形发生器在设计上又区分出模拟及数字合成式。

下面以 EE1640C 系列函数信号发生器/计数器为例，讲述这类仪器的操作。

EE1640C 系列函数信号发生器/计数器技术参数如下：

输出频率：　　　　　EE1641C：0.2 Hz～3 MHz　　按十进制分类共分七档

　　　　　　　　EE1642C：0.2 Hz～10 MHz　　按十进制分类共分八档

　　　　　　　　EE1642C1：0.2 Hz～15 MHz　　按十进制分类共分八档

　　　　　　　　EE1643C：0.2 Hz～20 MHz　　按十进制分类共分八档

输出阻抗：　　　函数输出 50 Ω

　　　　　　　　TTL 同步输出 600 Ω

输出信号波形：　函数输出正弦波、三角波、方波

　　　　　　　　TTL 同步输出脉冲波

输出信号幅度：　函数输出 $\geqslant 20V_{p-p} \pm 10\%$（空载）；（测试条件：$f_o \leqslant 15$ MHz，0 dB 衰减）

　　　　　　　　$\geqslant 14Vp-p \pm 10\%$（空载）；（测试条件：15 MHz$\leqslant f_o \leqslant$ 20 MHz，0 dB 衰减）

　　　　　　　　同步输出　TTL 电平："0"电平：$\leqslant 0.8$ V，"1"电平：$\geqslant 1.8$ V（负载电阻 $\geqslant 600$ Ω）；

　　　　　　　　CMOS 电平："0"电平：$\leqslant 4.5$ V，"1"电平：5 V～$\geqslant 13.5$ V 可调（fo$\leqslant 2$ MHz）

单次脉冲输出：　"0"电平：$\leqslant 0.5$ V，"1"电平：$\geqslant 3$ V

函数输出衰减：　0 dB、20 dB、40 dB 和 60 dB（0 dB 衰减即为不衰减）

输出信号类型：　单频信号、扫频信号、FSK 调制信号、调频信号和调幅信号

函数输出占空比："关"或 20%～80%"关"位置时输出波形为对称波形，误差$\leqslant 2\%$

频率测量范围：　0.200 Hz～100000 kHz

输入电压范围：　100 mV～2 V

显示范围：　　　0.200 Hz～100000 kHz

显示位数：　　　八位

EE1640C 型函数信号发生器/计数器整体外观如图 4.6 所示。

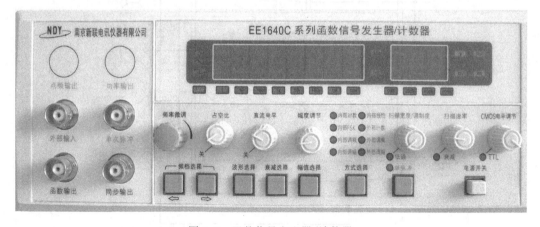

图 4.6　函数信号发生器/计数器

其中各按键和旋钮功能如图 4.7。

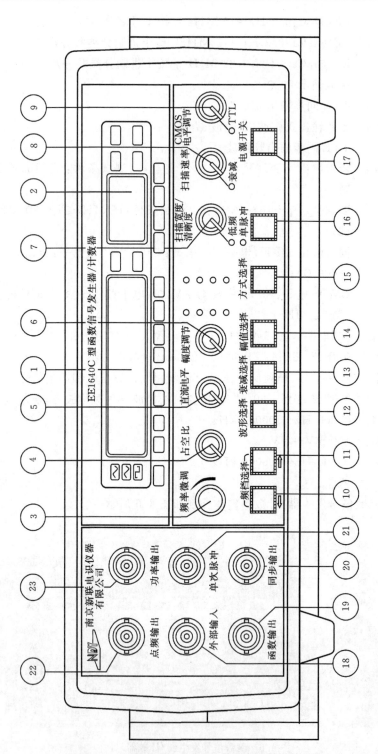

图 4.7　函数信号发生器/计数器各按键和旋钮功能

(1)频率显示窗口:显示输出信号的频率或外测频信号的频率。

(2)幅度显示窗口:显示函数输出信号的幅度。

(3)频率微调电位器:调节此旋钮可改变输出频率的 1 个频程。

(4)输出波形占空比调节旋钮:调节此旋钮可改变输出信号的对称性。当电位器处在中心位置时,则输出对称信号。当此旋钮关闭时,也输出对称信号。

(5)函数信号输出信号直流电平调节旋钮:调节范围:−10 V～+10 V(空载),−5 V～+5 V(50 Ω 负载)当电位器处在中心位置时,则为 0 电平。当此旋钮关闭时,也为 0 电平。

(6)函数信号输出幅度调节旋钮:调节范围 20 dB

(7)扫描宽度/调制度调节旋钮:调节此电位器可调节扫频输出的频率宽度。在外测频时,逆时针旋到底(绿灯亮),为外输入测量信号经过低通开关进入测量系统。在调频时调节此电位器可调节频偏范围,调幅时调节此电位器可调节调幅调制度,FSK 调制时调节此电位器可调节高低频率差值,逆时针旋到底时为关调制。

(8)扫描速率调节旋钮:调节此电位器可以改变内扫描的时间长短。在外测频时,逆时针旋到底(绿灯亮),为外输入测量信号经过衰减"20 dB"进入测量系统。

(9)CMOS 电平调节旋钮:调节此电位器可以调节输出的 CMOS 的电平。当电位器逆时针旋到底(绿灯亮)时,输出为标准的 TTL 电平。

(10)左频段选择按钮:每按一次此按钮,输出频率向左调整一个频段。

(11)右频段选择按钮:每按一次此按钮,输出频率向右调整一个频段。

(12)波形选择按钮:可选择正弦波、三角波、脉冲波输出。

(13)衰减选择按钮:可选择信号输出的 0 dB、20dB、40 dB、60 dB 衰减的切换。

(14)幅值选择按钮:可选择正弦波的幅度显示的峰一峰值与有效值之间的切换。

(15)方式选择按钮:可选择多种扫描方式、多种内外调制方式以及外测频方式。

(16)单脉冲选择按钮:控制单次脉冲输出,每撅动一次此按键,单次脉冲输出(21)电平翻转一次。

(17)整机电源开关:此按键撅下时,机内电源接通,整机工作;此键释放为关掉整机电源。

(18)外部输入端:当方式选择按钮(15)选择在外部调制方式或外部计数时,外部调制控制信号或外测频信号由此输入。

(19)函数输出端:输出多种波形受控的函数信号,输出幅度 20 Vp-p(空载),10 Vp-p(50 Ω负载)。

(20)同步输出端:当 CMOS 电平调节旋钮(9)逆时针旋到底,输出标准的 TTL 幅度的脉冲信号,输出阻抗为 600 Ω;当 CMOS 电平调节旋钮打开,则输出 CMOS 电平脉冲信号,高电平在 5 V～13.5 V 可调。

(21)单次脉冲输出端:单次脉冲输出由此端口输出。

(22)点频输出端(选件):提供 50 Hz 的正弦波信号。

(23)功率输出端(选件):提供≥10 W 的功率输出。

4.4　示波器

示波器是一种用途十分广泛的电子测量仪器。它能把肉眼看不见的电信号变换成看得见的图像,便于人们研究各种电现象的变化过程。示波器利用狭窄的、由高速电子组成的电子束,打在涂有荧光物质的屏面上,就可产生细小的光点。在被测信号的作用下,电子束就像一支笔的笔尖,可以在屏面上描绘出被测信号瞬时值的变化曲线。利用示波器能观察各种不同信号幅度随时间变化的波形曲线,还可以用来测试各种不同的电量,如电压、电流、频率、相位差、调幅度等等。图4.8是几种示波器。

图4.8　几种示波器

4.4.1　示波器的组成

示波器由显示电路、垂直(Y 轴)放大电路、水平(X 轴)放大电路、扫描与同步电路、电源供给电路等五部分组成。

(1)显示电路

显示电路包括示波管及其控制电路两个部分。示波管是一种特殊的电子管,是示波器一个重要组成部分。示波管由电子枪、偏转系统和荧光屏三个部分组成。

(2)垂直(Y 轴)放大电路

由于示波管的偏转灵敏度甚低,例如常用的示波管 13SJ38J 型,其垂直偏转灵敏度为 0.86 mm/V(约 12 V 电压产生 1 cm 的偏转量),所以一般的被测信号电压都要先经过垂直放大电路的放大,再加到示波管的垂直偏转板上,以得到垂直方向的适当大小的图形。

(3)水平(X 轴)放大电路

由于示波管水平方向的偏转灵敏度也很低,所以接入示波管水平偏转板的电压(锯齿波电压或其他电压)也要先经过水平放大电路的放大以后,再加到示波管的水平偏转板上,以得到水平方向适当大小的图形。

(4)扫描与同步电路

扫描电路产生一个锯齿波电压。该锯齿波电压的频率能在一定的范围内连续可调。锯齿波电压的作用是使示波管阴极发出的电子束在荧光屏上形成周期性的、与时间成正比的水平位移,即形成时间基线。这样,才能把加在垂直方向的被测信号按时间的变化波形呈现在荧光屏上。

(5)电源供给电路

电源供给电路供给垂直与水平放大电路、扫描与同步电路以及示波管与控制电路所需的负高压、灯丝电压等。

在示波器中,被测信号电压加到示波器的 Y 轴输入端,经垂直放大电路加于示波管的垂直偏转板。示波管的水平偏转电压,虽然多数情况都采用锯齿电压(用于观察波形),但有时也采用其他的外加电压(用于测量频率、相位差等),因此在水平放大电路输入端有一个水平信号选择开关,以便按照需要选用示波器内部的锯齿波电压,或选用外加在 X 轴输入端上的其他电压来作为水平偏转电压。

此外,为了使荧光屏上显示的图形保持稳定,要求锯齿波电压信号的频率和被测信号的频率保持同步。这样,不仅要求锯齿波电压的频率能连续调节,而且在产生锯齿波的电路上还要输入一个同步信号。这样,对于只能产生连续扫描(即产生周而复始、连续不断的锯齿波)状态的简易示波器(如国产 SB10 型等示波器)而言,需要在其扫描电路上输入一个与被观察信号频率相关的同步信号,以牵制锯齿波的振荡频率。对于具有等待扫描功能(即平时不产生锯齿波,当被测信号来到时才产生一个锯齿波,进行一次扫描)的示波器(如国产 ST－16 型示波器、SR－8 型双踪示波器等而言,需要在其扫描电路上输入一个与被测信号相关的触发信号,使扫描过程与被测信号密切配合。为了适应各种需要,同步(或触发)信号可通过同步或触发信号选择开关来选择,通常来源有三个:

① 从垂直放大电路引来被测信号作为同步(或触发)信号,此信号称为"内同步"(或"内触发")信号;

② 引入某种相关的外加信号为同步(或触发)信号,此信号称为"外同步"(或"外触发")信号,该信号加在外同步(或外触发)输入端;

③ 有些示波器的同步信号选择开关还有一档"电源同步",是由 220 V、50 Hz 电源电压,通过变压器次级降压后作为同步信号。

4.4.2　示波器的使用方法

示波器虽然分成好几类,各类又有许多种型号,但是一般的示波器除频带宽度、输入灵敏度等不完全相同外,在使用方法的基本方面都是相同的。

下面以 SR－8 型双踪示波器为例介绍。

1. 面板装置

SR－8 型双踪示波器的面板图如图 4.9 所示。其面板装置按其位置和功能通常可划分为3 大部分:显示、垂直(Y 轴)、水平(X 轴)。现分别介绍这三个部分控制装置的作用。

(1)显示部分

① 电源开关。

② 电源指示灯。

③ 辉度:调整光点亮度。

④ 聚焦:调整光点或波形清晰度。

⑤ 辅助聚焦:配合"聚焦"旋钮调节清晰度。

⑥ 标尺亮度:调节坐标片上刻度线亮度。

⑦ 寻迹:当按键向下按时,使偏离荧光屏的光点回到显示区域,而寻到光点位置。

⑧ 标准信号输出:1 kHz、1 V 方波校准信号由此引出。加到 Y 轴输入端,用以校准 Y 轴输入灵敏度和 X 轴扫描速度。

(2)Y 轴部分

① 显示方式选择开关:用以转换两个 Y 轴前置放大器 YA 与 YB 工作状态的控制件,具有五种不同作用的显示方式:

· "交替":当显示方式开关置于"交替"时,电子开关受扫描信号控制转换,每次扫描都轮流接通 YA 或 YB 信号。当被测信号的频率越高,扫描信号频率也越高。电子开关转换速率

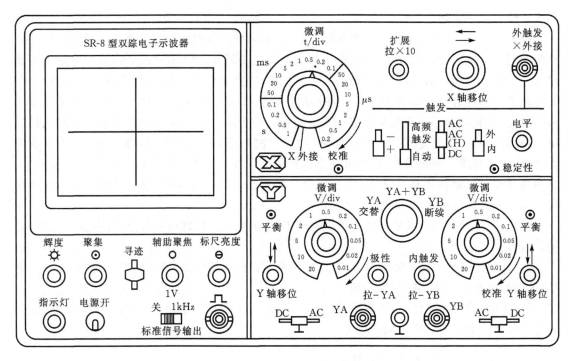

图 4.9　SR-8 型双踪示波器

也越快,不会有闪烁现象。这种工作状态适用于观察两个工作频率较高的信号。

　　·"断续":当显示方式开关置于"断续"时,电子开关不受扫描信号控制,产生频率固定为 200 kHz 方波信号,使电子开关快速交替接通 YA 和 YB。由于开关动作频率高于被测信号频率,因此屏幕上显示的两个通道信号波形是断续的。当被测信号频率较高时,断续现象十分明显,甚至无法观测;当被测信号频率较低时,断续现象被掩盖。因此,这种工作状态适合于观察两个工作频率较低的信号。

　　·"YA"和"YB"两种:显示方式开关置于"YA"或者"YB"时,表示示波器处于单通道工作,此时示波器的工作方式相当于单踪示波器,即只能单独显示"YA"或"YB"通道的信号波形。

　　·"YA＋YB":显示方式开关置于"YA＋YB"时,电子开关不工作,YA 与 YB 两路信号均通过放大器和门电路,示波器将显示出两路信号叠加的波形。

　　②"DC－⊥－AC":Y 轴输入选择开关,用以选择被测信号接至输入端的耦合方式。置于"DC"位置时是直接耦合,能输入含有直流分量的交流信号;置于"AC"位置,实现交流耦合,只能输入交流分量;置于"⊥"位置时,Y 轴输入端接地,这时显示的时基线一般用来作为测试直流电压零电平的参考基准线。

　　③"微调 V/div":灵敏度选择开关及微调装置。灵敏度选择开关系套轴结构,黑色旋钮是 Y 轴灵敏度粗调装置,自 10 mV/div～20 V/div 分 11 档,红色旋钮为细调装置,顺时针方向增加到满度时为校准位置,可按粗调旋钮所指示的数值,读取被测信号的幅度。当此旋钮反时针转到满度时,其变化范围应大于 2.5 倍,连续调节"微调"电位器,可实现各档级之间的灵敏度覆盖,在做定量测量时,此旋钮应置于顺时针满度的"校准"位置。

　　④"平衡":当 Y 轴放大器输入电路出现不平衡时,显示的光点或波形就会随"V/div"开关

的"微调"旋转而出现 Y 轴方向的位移,调节"平衡"电位器能将这种位移减至最小。

⑤"↑↓":Y 轴位移电位器,用以调节波形的垂直位置。

⑥"极性、拉 YA":YA 通道的极性转换按拉式开关。拉出时 YA 通道信号倒相显示,即显示方式 YA＋YB 时,显示图像为 YB－YA。

⑦"内触发、拉 YB":触发源选择开关。在按下的位置上(常态)扫描触发信号分别取自 YA 及 YB 通道的输入信号,适用于单踪或双踪显示,但不能够对双踪波形作时间比较。当把开关拉出时,扫描的触发信号只取自于 YB 通道的输入信号,因而它适用于双踪显示时对比两个波形的时间和相位差。

⑧Y 轴输入插座:采用 BNC 型插座,被测信号由此直接或经探头输入,探头上设有衰减 10 倍的选择开关。

(3)X 轴部分

①"t/div":扫描速度选择开关及微调旋钮。X 轴的光点移动速度由其决定,从 0.2 μs～1 s共分 21 档。当该开关"微调"电位器顺时针方向旋转到底并接上开关后,即为"校准"位置,此时"t/div"的指示值,即为扫描速度的实际值。

②"扩展、拉×10":扫描速度扩展装置。是按拉式开关,在按的状态作正常使用,拉的位置扫描速度增加 10 倍。"t/div"的指示值也应相应计取。采用"扩展、拉×10"适于观察波形细节。

③"→←":X 轴位置调节旋钮。X 轴光迹的水平位置调节电位器,是套轴结构。外圈旋钮为粗调装置,顺时针方向旋转基线右移,反时针方向旋转则基线左移。置于套轴上的小旋钮为细调装置,适用于经扩展后信号的调节。

④"外触发、X 外接"插座:采用 BNC 型插座。在使用外触发时,作为连接外触发信号的插座。也可以作为 X 轴放大器外接时信号输入插座。其输入阻抗约为 1 MΩ。外接使用时,输入信号的峰值应小于 12 V。

⑤"触发电平"旋钮:触发电平调节电位器旋钮,用于选择输入信号波形的触发点。具体地说,就是调节开始扫描的时间,决定扫描在触发信号波形的哪一点上被触发。顺时针方向旋动时,触发点趋向信号波形的正向部分,逆时针方向旋动时,触发点趋向信号波形的负向部分。

⑥"稳定性"触发稳定性微调旋钮:用以改变扫描电路的工作状态,一般应处于待触发状态。调整方法是将 Y 轴输入耦合方式选择(AC－地－DC)开关置于地档,将 V/div 开关置于最高灵敏度的档级,在电平旋钮调离自激状态的情况下,用小螺丝刀将稳定度电位器顺时针方向旋到底,则扫描电路产生自激扫描,此时屏幕上出现扫描线;然后逆时针方向慢慢旋动,使扫描线刚消失。此时扫描电路即处于待触发状态。在这种状态下,用示波器进行测量时,只要调节电平旋钮,即能在屏幕上获得稳定的波形,并能随意调节选择屏幕上波形的起始点位置。少数示波器,当稳定度电位器逆时针方向旋到底时,屏幕上出现扫描线;然后顺时针方向慢慢旋动,使屏幕上扫描线刚消失,此时扫描电路即处于待触发状态。

⑦"内、外"触发源选择开关:置于"内"位置时,扫描触发信号取自 Y 轴通道的被测信号;置于"外"位置时,触发信号取自"外触发 X 外接"输入端引入的外触发信号。

⑧"AC""AC(H)""DC"触发耦合方式开关:"DC"档,是直流耦合状态,适合于变化缓慢或频率甚低(如低于 100 Hz)的触发信号;"AC"档,是交流耦合状态,由于隔断了触发中的直流分量,因此触发性能不受直流分量影响;"AC(H)"档,是低频抑制的交流耦合状态,在观察包含低频分量的高频复合波时,触发信号通过高通滤波器进行耦合,抑制了低频噪声和低频触

发信号(2 MHz 以下的低频分量),免除因误触发而造成的波形晃动。

⑨"高频、常态、自动"触发方式开关:用以选择不同的触发方式,以适应不同的被测信号与测试目的。"高频"档,频率很高(如高于 5 MHz),且无足够的幅度使触发稳定时,选该档。此时扫描处于高频触发状态,由示波器自身产生的高频信号(200 kHz 信号),对被测信号进行同步。不必经常调整电平旋钮,屏幕上即能显示稳定的波形,操作方便,有利于观察高频信号波形。"常态"档,采用来自 Y 轴或外接触发源的输入信号进行触发扫描,是常用的触发扫描方式。"自动"挡,扫描处于自动状态(与高频触发方式相仿),但不必调整电平旋钮,也能观察到稳定的波形,操作方便,有利于观察较低频率的信号。

⑩"+、-"触发极性开关:在"+"位置时选用触发信号的上升部分,在"-"位置时选用触发信号的下降部分对扫描电路进行触发。

2. 使用前的检查、调整和校准

示波器初次使用前或久藏复用时,有必要进行一次能否工作的简单检查和进行扫描电路稳定度、垂直放大电路直流平衡的调整。示波器在进行电压和时间的定量测试时,还必须进行垂直放大电路增益和水平扫描速度的校准。示波器能否正常工作的检查方法、垂直放大电路增益和水平扫描速度的校准方法,由于各种型号示波器的校准信号的幅度、频率等参数不一样,因而检查、校准方法略有差异。

3. 使用步骤

用示波器能观察各种不同电信号幅度随时间变化的波形曲线,在这个基础上示波器可以应用于测量电压、时间、频率、相位差和调幅度等电参数。下面介绍用示波器观察电信号波形的使用步骤。

(1)选择 Y 轴耦合方式

根据被测信号频率的高低,将 Y 轴输入耦合方式选择"AC-地-DC"开关置于 AC 或 DC。

(2)选择 Y 轴灵敏度

根据被测信号的大约峰-峰值(如果采用衰减探头,应除以衰减倍数;在耦合方式取 DC 档时,还要考虑叠加的直流电压值),将 Y 轴灵敏度选择 V/div 开关(或 Y 轴衰减开关)置于适当档级。实际使用中如不需读测电压值,则可适当调节 Y 轴灵敏度微调(或 Y 轴增益)旋钮,使屏幕上显现所需要高度的波形。

(3)选择触发(或同步)信号来源与极性

通常将触发(或同步)信号极性开关置于"+"或"-"档。

(4)选择扫描速度

根据被测信号周期(或频率)的大约值,将 X 轴扫描速度 t/div(或扫描范围)开关置于适当档级。实际使用中如不需读测时间值,则可适当调节扫速 t/div 微调(或扫描微调)旋钮,使屏幕上显示测试所需周期数的波形。如果需要观察的是信号的边沿部分,则扫速 t/div 开关应置于最快扫速档。

(5)输入被测信号

被测信号由探头衰减后(或由同轴电缆不衰减直接输入,但此时的输入阻抗降低、输入电容增大),通过 Y 轴输入端输入示波器。

4. 常见故障现象

示波器常见故障及产生原因分析如表 4.1 所示。

表 4.1　示波器常见故障及分析

现象	原因
没有光点或波形	电源未接通 辉度旋钮未调节好 X,Y 轴移位旋钮位置调偏 Y 轴平衡电位器调整不当,造成直流放大电路严重失衡
水平方向展不开	触发源选择开关置于外档,且无外触发信号输入,则无锯齿波产生 电平旋钮调节不当 稳定度电位器没有调整在使扫描电路处于待触发的临界状态 X 轴选择误置于 X 外接位置,且外接插座上又无信号输入 两踪示波器如果只使用 A 通道(B 通道无输入信号),而内触发开关置于拉 YB 位置,则无锯齿波产生
垂直方向无展示	输入耦合方式 DC－接地－AC 开关误置于接地位置 输入端的高、低电位端与被测电路的高、低电位端接反 输入信号较小,而 V/div 误置于低灵敏度档
波形不稳定	稳定度电位器顺时针旋转过度,致使扫描电路处于自激扫描状态(未处于待触发的临界状态) 触发耦合方式 AC、AC(H)、DC 开关未能按照不同触发信号频率正确选择相应档级 选择高频触发状态时,触发源选择开关误置于外档(应置于内档)部分示波器扫描处于自动档(连续扫描)时,波形不稳定
垂直线条密集或呈现一矩形	t/div 开关选择不当,致使扫描频率远小于信号频率
水平线条密集或呈一条倾斜水平线	t/div 关选择不当,致使扫描频率远大于信号频率
垂直方向的电压读数不准	未进行垂直方向的偏转灵敏度(V/div)校准 进行 V/div 校准时,V/div 微调旋钮未置于校正位置(即顺时针方向未旋足) 进行测试时,V/div 微调旋钮调离了校正位置(即调离了顺时针方向旋足的位置) 使用 10∶1 衰减探头,计算电压时未乘以 10 倍 被测信号频率超过示波器的最高使用频率,示波器读数比实际值偏小。测得的是峰－峰值,正弦有效值需换算求得

现象	原因
水平方向的读数不准	未进行水平方向的偏转灵敏度(t/div)校准 进行 t/div 校准时,t/div 微调旋钮未置于校准位置(即顺时针方向未旋足) 进行测试时,t/div 微调旋钮调离了校正位置(即调离了顺时针方向旋足的位置) 扫速扩展开关置于拉(×10)位置时,测试未按 t/div 开关指示值提高灵敏度 10 倍计算
测不出两个信号间的相位差	测不出两个信号间的相位差(波形显示法) 双踪示波器误把内触发(拉 YB)开关置于按(常态)位置应该该开关置于拉 YB 位置 双踪示波器没有正确选择显示方式开关的交替和断续档 单线示波器触发选择开关误置于内档 单线示波器触发选择开关虽置于外档,但两次外触发未采用同一信号
调幅波形失常	t/div 开关选择不当,扫描频率误按调幅波载波频率选择(应按音频调幅信号频率选择)
波形调不到要求的起始时间和部位	稳定度电位器未调整在待触发的临界触发点上 触发极性(＋、－)与触发电平(＋、－)配合不当 触发方式开关误置于自动档(应置于常态档)
使用不当造成的异常现象	示波器在使用过程中,往往由于操作者对于示波原理不甚理解和对示波器面板控制装置的作用不熟悉,会出现由于调节不当而造成异常现象

习 题

1.在直流稳压电源稳压方式使用下,"调流"旋钮为什么不能逆时针旋到底?

2.怎样调节函数信号的直流电平?

3.如果要在示波器的荧光屏上得到以下图形:

(1)一个光点;

(2)一条垂直线;

(3)一条水平线;

(4)一频率为 50Hz 的稳定正弦波形。

分别应调节哪些旋钮? 为什么?

4.要观察信号的全部成分,通道输入方式应当用"AC"还是"DC"?

5.示波器面板显示屏上显示的是一亮度很低、线条较粗且模糊不清的波形。

(1)若要增大显示波形的亮度,应调节什么旋钮?

(2)若要屏上示波形线条变细且边缘清晰,应调节什么旋钮?

(3)若要将波形曲线调至屏中央,应调节哪两个旋钮?

第5章　电子制图及印刷电路板设计与制作

图样是表达工程技术构思的语言。一个工程技术人员必须掌握绘制图样的有关规定和绘图方法。

电气(子)设备用到的电气图,用来表达电气原理及电气件之间连接关系。这类图又分成两类:一类是由图形符号与连接线组成的简图,如系统图、框图、电原理图和接线图等;另一类是运用投影方法绘制的图样,主要是印制板图和线扎图。前者表达设计原理,后者着重指导装配。

本章重点介绍上述常用专业图纸的有关问题,至于图纸所涉及的电气原理,将在以后专业课中学到。

5.1　图形符号电子制图基础

电子设备或装置的电原理图是用元件的图形符号及它们之间的连线来表示的。电子工程技术人员在设计电路时,必须用规定的符号绘制电路图,因此,必须了解各种符号的意义和画法。本节着重介绍几种常用元器件图形符号的画法。由于外形示意图在印制电路板电路图中会用到,因此本节也适当介绍一些元器件外形示意图的画法。

根据电工系统图图形符号国家标准"GB312−64"、电气图形符号国家标准"GB4728−85"和电子工业部颁发的部标准"SJ137−65",简要介绍电子工程中常用的意义和画法。

5.1.1　图形符号的画法要求

①绘制图形符号时要按国家标准规定进行。根据国家标准《电气用技术文件(GB 6988.1,GB 6988.2,GB 6988.3—2008)》规定,图线宽度公式为:

$$0.1 \times \sqrt{2^n} \times M(n = 0,1,2,3\cdots)$$

M 取 $0.8(1.0),2.5,3.5,5,7,10,14,20$(mm)

常用线宽为 $0.25,0.4,0.5,0.7,1.0,1.4$(mm),电子电气用图形符号一般可用三种线宽绘制:多数图形符号用细实线(0.25 mm)绘制;某些图形符号局部用粗实线(0.7 mm)绘制;也有的图形符号局部用,特粗实线(1.4 mm)绘制。

②绘制图形符号时,应根据标准符号按比例作图,可按比例进行缩放。

③手工绘图时,因用模板比使用绘图仪器画得更快,常用绘图模板绘制电子图形符号。目前市场上出售的绘图模板种类繁多。根据国家标准对电子图形符号的规定。图5.1所示的电工模板可方便地绘制电子电气的图形符号。

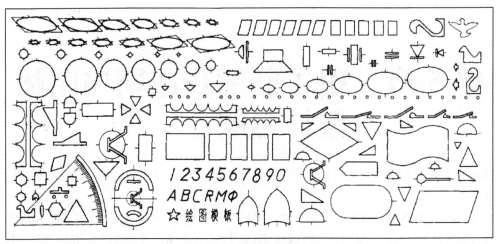

图 5.1　手工绘图模板

④手工绘制电子略图时,一般选用淡蓝线的方格纸绘制。因为在方格纸上绘画图形符号的接线(一般是直线)以及安排各个图形符号之间的位置等十分方便;淡蓝色的方格线,在复制蓝图时,不易被复制出来。

⑤目前广泛使用计算机软件绘图,常用的计算机绘图软件有 PROTEL99、PROTEL DXP、POWER PCB 等。

5.1.2　常用图形符号的画法

根据国家标准每种元件的画法都有严格的规定。

1.原电池(简称电池)

根据国家标准电池要求负极长 5,正极则长 10,正负极间距为 1.25,如图 5.2 所示。

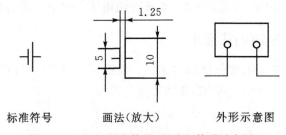

标准符号　　　　画法(放大)　　　　外形示意图

图 5.2　电池的标准符号、画法和外形示意图

2.电感器

电感器的标准符号和画法和外形示意图如图 5.3 所示。

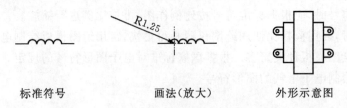

标准符号　　　　画法(放大)　　　　外形示意图

图 5.3　电感器的标准符号、画法和外形示意图

3. 电阻器

电阻器的标准符号、画法和外形示意图如图 5.4 所示。

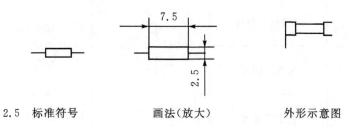

2.5　标准符号　　　　　　画法（放大）　　　　　　外形示意图

图 5.4　电阻器的标准符号、画法和外形示意图

常用元器件的表示如表 5.1～5.3 所示。表 5.2 列出了常用元件符号的画法标准。

表 5.1　电阻器、电容器、电感器和变压器

图形符号	名称与说明	图形符号	名称与说明
或 ▭ ⟋⟍⟋⟍	电阻器一般符号	⌒⌒⌒	电感器、线圈、绕组或扼流圈（符号中半圆数不得少于 3 个）
▭	可变电阻器或可调电阻器	⌒⌒⌒	带磁芯、铁芯的电感器
▭	滑动触点电位器	⌒⌒⌒	带磁芯连续可调的电感器
或	电容器一般符号	⌒⌒⌒	双绕组变压器（可增加绕组数目）
	可变电容器或可调电容器	⌒⌒⌒	绕组间有屏蔽的双绕组变压器（可增加绕组数目）
	双联同调可变电容器（可增加同调联数）	⌒⌒⌒	在一个绕组上有抽头的变压器
	微调电容器		

表 5.2　半导体管

图形符号	名称与说明	图形符号	名称与说明
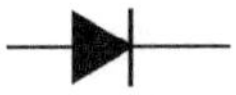	二极管的符号	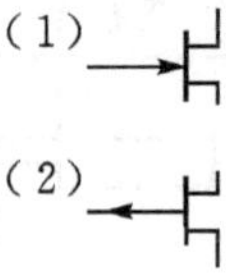 （1） （2）	JFET 结型场效应管 (1)N 沟道 (2)P 沟道
	发光二极管		PNP 型晶体三极管
	光电二极管		NPN 型晶体三极管
	稳压二极管		
	变容二极管	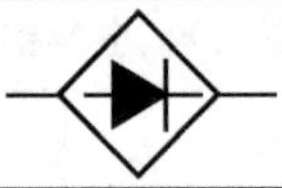	全波桥式整流器

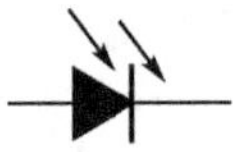

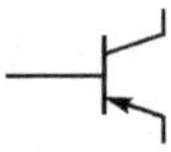

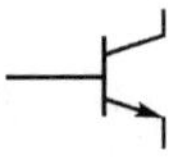

表 5.3　其他电气图形符号

图形符号	名称与说明	图形符号	名称与说明
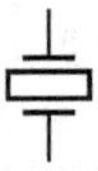	具有两个电极的压电晶体（电极数目可增加）	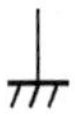 或	接机壳或底板
	熔断器		等电位
	指示灯及信号灯	 或 	导线的连接
	扬声器	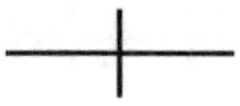	导线的不连接
	蜂鸣器		动合(常开)触点开关
	天线的一般符号		动断(常闭)触点开关 手动开关
	接大地	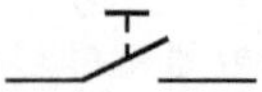	手动开关

4.模拟集成电路实例

①运算放大器,图 5.5 所示为高增益放大器 LM741 的外形和管脚图。

②音频功率放大器,图 5.6 所示为 LA4100 的外形和管脚图。

③集成稳压器,图 5.7 所示的 LM317 是可调节 3 端正电压稳压器。

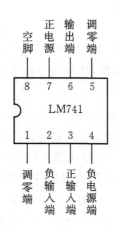

图 5.5 运算放大器

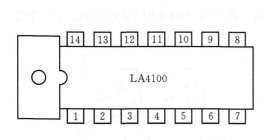

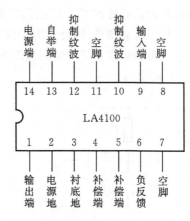

图 5.6 音频功率放大器　　　　　图 5.7 集成稳压器

5.2 原理图绘制工艺要求

电原理图就是使用电子元器件的电气图形符号以及绘制电原理图所需的导线、总线等绘图工具来描述电路系统中各元器件之间的连接关系,所使用的是一种符号化、图形化的语言。

5.2.1 电原理图的基本要求

绘制电原理图(也称电路图)是电子工艺中一个重要环节,绘制电路图时必须做到以下几点。

1. 标准和规范

画图时,时刻要想到所画的图是供生产使用的。因此,图纸上的图形符号要遵照国家标准绘制。

2. 整洁美观

画图时,要预先计划好各种图形符号的位置,使各符号在整幅图中布置均匀。布图不好的图纸,除影响看图难度外,还容易出差错。整张图的线条要粗、细分明,图面要整洁美观。

3. 表达正确完整

图纸上要表达出该电路的完整信息。

每一个图形符号都要标注该元器件的文字符号(字母),如 R(电阻器)、C(电容器)、RP(电位器)、L(电感器)、V(半导体管)、GB(电池)、S(开关)等。每一类元器件要按照它们在图中的位置,自上而下,从左到右地标注出它们的位置顺序号,如 R1、R2、R3、R4、C1、C2、C3 等。代号一般注写在图形符号的上方或右侧,如图 5.8 所示。图 5.8 是大家非常熟悉的单管放大电路的电原理图。它由 4 个电阻、3 个电容和 1 个 NPN 型三极管组成,图中使用了导线、电气节点、接地符号、电源符号+V_{cc} 四种绘图工具将电阻、电容、三极管等元器件的电气图形符号连接在一起。

为了读图方便,各种元器件的基本数据及代号可直接注写在图纸上,如图 5.9,或在图纸上只写各种元器件的代号,如图 5.8,而另附一张元器件明细表,详细写出各元器件的数据及代号,如表 5.4 所示。明细表常用 A4 幅面图纸编制。在填写明细表时,要按同类元、器件的位置顺序号从上而下填写。

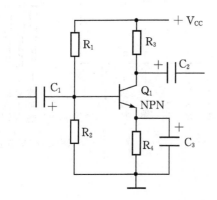
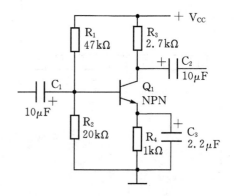

图 5.8 单管放大电路的电原理图   图 5.9 含参数的单管放大电路的电原理图

表 5.4 元器件明细表

序号	名称	规格型号	位号	数量
1	电阻器	47kΩ、20kΩ	R1、R2	各 1
2	电阻器	2.7kΩ、1kΩ	R3、R4	各 1
3	电容器	20 μ	C1、C2	2
4	三极管	9014	Q1	1

5.2.2 原理图绘制

1. 绘制电路图步骤

①在原设计草图上画两条相互垂直点划线,作为布图的基准,两点划线大致将草图分成四

个分格,每个分格不必严格相等,大致使各个分格的元,器件数目接近相同即可。分格可帮助布图时做到心中有数。

②在各个分格里,先画较大的(或占图面较多的)元器件,如三极管。

③再画较小的元器件,如电阻、电容等并连线,最终将全图完成。

2.绘制电路图注意事项

①电路的输入端一般画在图的左面,输出端画在图的右面,使电信号从左到右,从上而下地流动;

②将在一起工作的或执行同一功能的元器件,尽可能画在一起;

③每个元器件尽可能画在引线的中央,使图形保持匀称;

④当几个元器件(如电阻、电容、线圈等并接到同一根公共线上时,各图形符号的中心应平齐,即画在同一条水平线或垂直线上;

⑤图中的接线应画成水平或垂直,平行的导线不应画得太密。

⑥当水平和垂直的导线相交时,若相交处是电的连接点,则应在相交处画一黑圆点,以表示是焊接的接头;若相交处不是电的连接点,则不应加画黑圆点;

⑦应尽量减少两接线交叉,更应避免一根接线同时与几个元件的接线交叉,产生干扰。

5.3　印刷电路板设计

印制电路板是电子设备中极其重要的组装部件,具有实现电路中各个元器件的机械固定和电气连接的双重作用。印刷电路板设计是指根据设计人员的意图将原理图转换成印刷电路板图、选择材料、确定加工技术要求的过程。它包括选择印制板材质、确定整机结构;考虑电气、机械和元器件的安装方式、位置和尺寸;决定导线宽度、间距和焊盘大小及孔径;设计印制插头或连接器的结构;根据电路要求设计布线草图;准备印制板生产必须的全部资料和数据。

印制板设计通常有人工设计和计算机辅助设计两种方式。无论采用哪种方式,都必须符合原理图的电气连接和产品电气性能、机械性能的要求,并要考虑印制板加工工艺和电子装配工艺的基本要求。

5.3.1　基本概念

印制电路板 PCB(printed circuit board)也称印制线路板,用于安装电子元器件并形成电路。印制电路板由印刷电路和基板构成。

1.印制电路板概念

①印制:采用某种方法,在一个表面上再现图形和符号的工艺,它包含通常意义的"印刷";

②印制线路:采用印制法在基板上制成的导电图形,包括印制导线、焊盘等;

③印制元件:采用印制法在基板上制成的电路元件,如电感、电容等;

④印制电路:采用印制法得到的电路,它包括印制线路和印制元件或由二者组合成的电路;

⑤敷铜板:由绝缘基板和镀敷在上面的铜箔构成,是用减成法制造印制电路板的原料;

⑥印制电路板:完成了印制电路或印制线路加工的板子,它不包括安装在板上的元器件;

⑦印制板组件:安装了元器件或其他部件的印制板部件。

2.印刷电路板的分类:

(1)按照印刷电路的分布分类

①单面板:仅一面有导电图形的印制板;

②双面板:两面都有导电图形的印制板;

③多层板:有三层或三层以上导电图形和绝缘材料层压合成的印制板。

(2)按照机械特性分类

①刚性板:有一定的机械强度,用它组成的部件具有一定的抗弯能力,使用时处于平展状态。主要用于一般电子设备。环氧树脂、酚醛树脂、聚四氟乙烯等覆铜板都属于刚性板。

②柔性版(也称挠性板):以软质绝缘材料,如聚酯薄膜或聚酰亚胺为基材制成,其铜箔与刚性板相同。

5.3.2　印刷电路板设计基础

设计印刷电路板,首先应了解印制板设计的基本要求,其次应了解元器件的排列方式,根据这两方面的要求及元件特性即可确定元器件在印制板上的位置。

1.印制板设计基本要求

(1)正确

准确实现电路原理图的连接关系,避免出现"短路"和"断路"这两个简单而致命的错误。

(2)可靠

连接正确的电路板可靠性不一定好。例如:板材选择不合理,板材及安装固定不正确,元器件布局不当都可能导致 PCB 不能可靠地工作。从可靠性的角度讲,结构越简单,使用元件越少,板层数越少,可靠性越高。

(3)合理

一个印制板组件,从印制板的制造、检验、装配、调试到整机装配、调试直到维修,都与印制板设计的合理与否息息相关。例如,板子形状选得不好会使加工困难;引线孔太小装配困难;没留测试点会使调试困难;板外连接选择不当会使维修困难等等。每一个困难都可能导致成本增加,工时延长,而每一个造成困难的原因都源于设计者的失误。没有绝对合理的设计,只有不断合理化的过程。它需要设计者在实践中不断总结、积累经验。

(4)经济

这是一个不难达到,又不易达到,但必须达到的目标。说"不难",是因为只要板材选低价,板子尺寸尽量小,连接用直焊导线等价格就会下降。但是这些廉价的选择可能造成工艺性、可靠性变差,使制造费用、维修费用上升。总体经济性不一定会合算,因此说"不易"。所说的"必须"则是市场竞争的原则。

2.元器件排列及安装尺寸

(1)元器件排列方式

元器件在印制板上有两种排列方式。

①随机排列:也称不规则排列,元器件轴线沿任意方向排列,如图 5.10 所示。用这种方式排列元器件,虽然看起来凌乱,但元件不受位置与方向的限制,因而印制导线布设方便,并且还

可以做到短而少,使印制面的导线大为减少,对减少线路板的分布参数,抑制干扰,对高频电路特别有利。

②坐标排列:也称规则排列,元器件轴线方向排列一致,并与板的四边垂直平行,如图5.11 所示。具有排列规范、美观整齐、安装调试及维修方便的优点。但由于元器件排列受方向和位置的限制,因而布线复杂,印制导线也会相应增加。

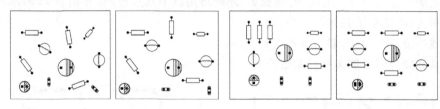

图 5.10 不规则排列   图 5.11 坐标排列

(2)元器件安装尺寸

软尺寸与硬尺寸:在元器件安装到印制板上时一部分元器件和普通电阻、电容、小功率三极管、二极管等对焊盘间距要求不是很严格,我们称之为软引线尺寸;另一部分元器件,如大功率三极管、继电器、电位器等引线不允许折弯,对安装尺寸有严格要求,我们称这一类元器件为硬引线尺寸。如 IC 引脚间距为硬尺寸。

5.3.3 印制电路设计工艺要求

印制电路设计包括印制导线宽度和间距两方面。

(1)印制导线的宽度

印制导线的宽度取决于该导线的工作电流,印制导线最大允许工作电流与导线宽度的关系见表 5.5。

表 5.5 印制导线最大允许工作电流与导线宽度的关系

导线宽度 mm	1	1.5	2	2.5	3	3.5	4
导线面积 mm²	0.05	0.075	0.1	0.125	0.15	0.175	0.2
导线电流 A	1	1.5	2	2.5	3	3.5	4

以下为实际布线时的经验。

①电源线及地线在板面允许的条件下应尽量宽一些,即使在面积紧张的情况下一般也不应小于 1 mm;

②对长度超过 100 mm 的导线,即使工作电流不大,也应适当加宽以减少导线压降对电流的影响;

③一般信号获取及处理电路,包括 TTL、CMOS、非功率运放、RAM、ROM 微处理等电路部分,可不用考虑加宽导线宽度;

④一般安装密度不大的印制板,印制导线宽度以不小于 0.5 mm 为宜。

(2)导线间距

相邻导线间的间距(包括印制导线、焊盘、印制元件)由它们之间的电位差决定,数据见表 5.6。

表 5.6　印制导线间距最大允许工作电压

导线间距(mm)	0.5	1	1.5	2	3
工作电压(V)	100	200	300	500	700

（3）印制导线走向与形状

印制电路在全部布线"走通"的前提下，还要运用以下几条准则（如图 5.12 所示）：

①以短为佳，能走捷径就不要绕远；

②走线平滑自然为佳，避免急拐弯和尖角；

③公共地线应尽可能多地保留铜箔。

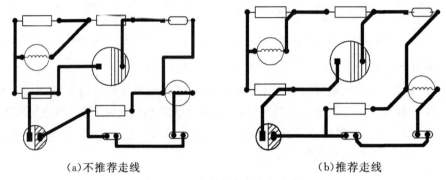

(a)不推荐走线　　　　　　　　　(b)推荐走线

图 5.12　印制导线走向与形状

5.3.4　焊盘与孔

1.焊盘形状

①圆形焊盘：最常见的焊盘形状，焊盘与穿线孔为同心圆，其外径为 2～3 倍孔径；多在元件规则排列中使用，双面印制板也多采用圆形焊盘。

②方形焊盘：印制板上元器件大而少且印制板导线简单时多采用这种设计形式。也常用于集成电路的 1 脚或电解电容正极的焊盘。

③椭圆焊盘：这种焊盘在同一方向尺寸小，有利于中间走线，常用于双列直插式器件或插座类元件。

2.孔的大小

孔的大小以略大于元器件管脚为宜。

5.3.5　PCB 设计经验

在 PCB 设计中，布线是完成产品设计的重要步骤，可以说前面的工作都是为它而做的，在整个 PCB 设计中，以布线的设计过程限定最高、技巧最细、工作量最大。

PCB 布线有单面布线、双面布线及多层布线。布线的方式也有两种：自动布线及交互式布线，在自动布线之前，可以用交互式预先对位置要求比较严格的元器件或定位孔进行放置及布线，输入端与输出端的边线应避免相邻平行，以免产生干扰。必要时应加地线隔离，两相邻层的布线要互相垂直，避免因平行产生的寄生耦合。

自动布线的布通率，依赖于良好的布局，布线规则可以预先设定，包括走线的弯曲次数、导通孔的数目、步进的数目等。一般先进行探索式布线,快速地把短线连通,然后进行迷宫式布线,先把要布的连线进行全局的布线路径优化,可以根据需要断开已布的线,并试着重新再布线,以改进总体效果。

目前高密度的 PCB 设计贯通孔已不太使用了,它浪费了许多宝贵的布线通道,为解决这一矛盾,出现了盲孔和埋孔技术,它不仅完成了导通孔的作用,还省出许多布线通道使布线过程完成得更加方便、流畅和完善,PCB 板的设计过程是一个复杂而又简单的过程,要想很好地掌握它,还需广大电子工程设计人员自已去体会,才能领悟到其中的真谛。

1. 电源、地线的处理

即使在整个 PCB 板中的布线完成得都很好,但由于电源、地线的考虑不周到而引起的干扰,会使产品的性能下降,有时甚至影响到产品的成功率。所以对电源、地线的布线要认真对待,把电源、地线所产生的噪音干扰降到最低限度,以保证产品的质量。

对每个从事电子产品设计的工程人员来说都明白地线与电源线之间噪音所产生的原因,现只说明如何降低和抑制噪音:

①众所周知的是在电源、地线之间加上去耦电容。

②尽量加宽电源、地线宽度,最好是地线比电源线宽,它们的关系是:地线>电源线>信号线,通常信号线宽为:0.2~0.3 mm,最精细宽度可达 0.05~0.07 mm,电源线为 1.2~2.5 mm。对数字电路的 PCB 可用宽的地导线组成一个回路,即构成一个地网来使用(模拟电路的地不能这样使用)。

③用大面积铜层作地线用,在印制板上把没被用上的地方都与地相连接作为地线用。或是做成多层板,电源和地线各占用一层。

2. 数字电路与模拟电路的共地处理

现在许多 PCB 不再是单一功能电路(数字或模拟电路),而是由数字电路和模拟电路混合构成的。因此在布线时就需要考虑它们之间的相互干扰问题,特别是地线上的噪音干扰。

数字电路的频率高,模拟电路的敏感度强,对信号线来说,高频的信号线尽可能远离敏感的模拟电路器件,对地线来说,整个 PCB 对外界只有一个结点,所以必须在 PCB 内部进行处理数、模共地的问题,而在板内部数字地和模拟地实际上是分开的它们之间互不相连,只是在PCB 与外界连接的接口处(如插头等)。数字地与模拟地有一点短接,请注意,只有一个连接点。也有在 PCB 上不共地的,这由系统设计来决定。

3. 信号线布在电(地)层上

在多层印制板布线时,由于在信号线层没有布完的线剩下已经不多,再多加层数就会造成浪费也会给生产增加一定的工作量,成本会相应增加。为解决这个矛盾,可以考虑在电源(地)层上进行布线。首先应考虑用电源层,其次才是地层。因为最好保留地层的完整性。

4. 大面积导体中连接腿的处理

在大面积的接地(或接电源)中,常用元器件的腿与其连接,对连接腿的处理需要进行综合考虑,就电气性能而言,元件腿的焊盘与铜面满接为好,但对元件的焊接装配就存在一些不良隐患如:①焊接需要大功率加热器;②容易造成虚焊点。所以兼顾电气性能与工艺需要,做成十字花焊盘,称之为热隔离(heat shield)俗称热焊盘(thermal),这样,可使在焊接时因截面过分散热而产生虚焊点的可能性大大减少。多层板的接电源(地)层腿的处理相同。

5. 布线中网络系统的作用

在许多 CAD 系统中,布线是依据网络系统决定的。网格过密,通路虽然有所增加,但步进太小,图场的数据量过大,这必然对设备的存贮空间有更高的要求,同时也对像计算机类电子产品的运算速度有极大的影响。而有些通路是无效的,如被元件腿的焊盘占用的或被安装孔、定位孔所占用的等。网格过疏,通路太少对布通率的影响极大。所以要有一个疏密合理的网格系统来支持布线的进行。

6. 设计规则检查(DRC)

布线设计完成后,需认真检查布线设计是否符合设计者所制定的规则,同时也需确认所制定的规则是否符合印制板生产工艺的需求,一般检查如下几个方面:

①线与线、线与元件焊盘、线与贯通孔、元件焊盘与贯通孔、贯通孔与贯通孔之间的距离是否合理,是否满足生产要求。

②电源线和地线的宽度是否合适,电源与地线之间是否紧耦合(低的波阻抗)在 PCB 中是否还有能让地线加宽的地方。

③对于关键的信号线是否采取了最佳措施,如长度最短,加保护线,输入线及输出线被明显地分开。

④模拟电路和数字电路部分,是否有各自独立的地线。

⑤后加在 PCB 中的图标、注标等图形是否会造成电路短路。

⑥对一些不理想的线形进行修改。

⑦在 PCB 上是否加有工艺线,阻焊是否符合生产工艺的要求,阻焊尺寸是否合适,字符标志是否压在器件焊盘上,以免影响电装质量。

⑧多层板中的电源地层的外框边缘是否缩小,如电源地层的铜箔露出板外容易造成短路。

5.3.6 利用 PROTEL 软件的电路板设计

PROTEL 软件是广泛用于电子制图的工具之一。一般而言,采用 PROTEL 软件设计电路板最基本的过程可以分为以下三大步骤。

(1)电路原理图的设计

电路原理图的设计主要是用 PROTEL 的原理图设计系统来绘制电路原理图。

(2)生成网络报表

网络表可以从电路原理图中获得,同时 PROTEL 也提供了从电路板中提取网络表的功能。

(3)印制电路板的设计

印制电路板的设计主要是利用 PROTEL 的 PCB 设计系统来完成印制电路板图的绘制。

1. 利用 PROTEL 软件的 SCH 组件绘制电原理图

用 PROTEL 软件绘制原理图比较简单,步骤包括:

①设置图纸参数;

②确定整个设计的整体布局;

③放置好元器件并连线;

④调整元器件与连线;

⑤保存打印。

2. 利用 PROTEL 软件绘制 PCB 图

利用 PROTEL 软件绘制 PCB 图的步骤如下：

(1)绘制原理图

绘制原理图是绘制 PCB 板图的前提,网络表是连接原理图和 PCB 板图的中介,所以在绘制 PCB 电路板之前一定要先得到正确的原理图和网络表。另外,我们可以手工更改网络表,将一些元件的固定接脚等原理图上没有的焊盘定义到与它相通的网络上,没任何物理连接的可定义到地或保护地等。

(2)画出自己定义的非标准器件的封装库

独立绘制的封装一定要在 PCB 设计之前完成,在制作 PCB 电路板时,将会导入这些自己制作的封装。

(3)规划电路板

电路板是采用单面板还是多层板,电路板的形状、尺寸等具体参数以及电路板的安装方式等都要一并考虑。另外,还要考虑电路板与外界的接口形式,选择具体接插件的封装形式。

(4)画上禁止布线层

在需要放置固定孔的地方放上适当大小的焊盘,对于 3 mm 的螺丝可用 6.5~8 mm 的外径和 3.2~3.5 mm 内径的焊盘。对于标准板可从其他板或 PCB Wizard 中调入。

(5)设置环境参数

可以根据自己的习惯来设置环境参数。环境参数包括栅格大小、光标捕捉大小、公制英制的转换、工作层面颜色等。

(6)打开所有要用到的库文件后调入网络表文件

要注意先把所有的库文件全都打开后,再导入网络表文件。否则,在导入网络表时会出现元件找不到封装的情况。

(7)设定工作参数

工作参数主要进行 PCB 板的图层设定。

(8)元件的手工布局

元件的布局应当从机械结构、散热、电磁干扰、将来布线的方便性等方面综合考虑。先布置与机械尺寸有关的器件并锁定这些器件,然后是大的、占位置的器件和电路的核心元件,再是外围的小元件。对于同一个器件用多种封装形式的,可以把这个器件的封装改为第二种封装形式并放好后对这个器件用撤消元件组功能,然后再调入一次网络表并放好新调入的这个器件,有更多种封装形式时依此类推。放好后可以用 VIEW3D 功能查看一下实际效果。如果不太满意,可根据实际情况再作适当调整,然后将全部器件锁定。假如板上空间允许,则可在板上放上一些类似于实验板的布线区。对于大板子应在中间多加固定螺丝孔,板上有重的元器件或较大的接插件等受力器件,其边上也应加固定螺丝孔。有需要的话,可在适当位置放上一些测试用焊盘。将过小的焊盘过孔改大,将所有固定螺丝孔焊盘的网络定义到地或保护地等。

(9)制订详细的布线规则

布线规则包括使用层面、各组线宽、过孔间距、布线的拓扑结构等,我们要根据所设计的板子的实际情况来进行设定。另外,还要在不希望有走线的区域内放置 FILL 填充层(如散热器和卧放的两脚晶振下方所在布线层）。

（10）对部分重要线路进行手工预布线

晶振、PLL、小信号模拟电路等电路需要自己手动布线,必须要按照指定路线布线的电路也要进行手工布线。

（11）自动布线

在自动布线之前,我们要对自动布线功能进行设置,选中其中的 Lock All Pre-Route 功能。避免将我们预布的电子线路覆盖。

假如自动布线不能完全布通,则可手工继续完成或 UNDO 一次。需要注意的是千万不要用撤消全部布线功能,它会删除所有的预布线和自由焊盘、过孔。然后我们可以调整一下布局或布线规则再重新进行布线。完成后进行一次 DRC,有错则改正。布局和布线过程中若发现原理图有错则应及时更新原理图和网络表,手工更改网络表并重装网络表后再布线。

（12）布线完成后的调整

布通之后,对布线进行手工初步调整。调整的内容包括:需加粗的地线、电源线、功率输出线等进行手动加粗;某几根绕得太多,太过繁琐的线重布;消除部分不必要的过孔。

另外,我们还要切换到单层显示模式下将每个布线层的线拉整齐和美观。手工调整时应经常进行 DRC,因为有时有些线会断开。快完成时可将每个布线层单独打印出来以方便改线。调整完毕后用 VIEW3D 功能查看实际效果,满意后进行下一步。

（13）覆铜与补泪滴

对所有过孔和焊盘补泪滴,对于贴片和单面板一定要加泪滴。对各布线层的放置地线网络进行覆铜,增强板子的抗干扰能力。

（14）DRC 检验

为了确保电路板图符合设计规则,以及所有的网络均已经正常连接,布线完毕后一定要进行 DRC 检验。

（15）调整其余层上的信息

全部调整完并 DRC 通过后拖放所有丝印层的字符到合适位置,注意尽量不要放在元件下面或过孔、焊盘上面,对于过大的字符可适当缩小。最后再放上印制板名称、设计版本号、公司名称、文件首次加工日期、印制板文件名、文件加工编号等信息,并可用第三方提供的程序加上中文注释。

（16）印制板文件的保存和导出

PROTEL DXP 绘制 PCB 电路板的设计完成后,还需完成印制板文件整理并存档,打印出图纸等工作。可以导出元件明细表,生成电子表格文档作为元件清单等。

最后,我们还要说明电路板上有特殊要求的地方,然后提交给制板加工厂进行电路板的加工。

5.4　印刷电路板制造工艺

随着微电子技术和集成电路的飞速发展,印制板的制造工艺和精度也不断提高,印制板种类从单面板、双面板发展到多层板和挠性板,但应用最广泛的还是单面板和双面板。

做 PCB 时是选用单面板、双面板还是多层板,要看最高工作频率和电路系统的复杂程度以及对组装密度的要求来决定。如果工作频率超过 350 MHz,最好选用以聚四氟乙烯作为介质层的印制电路板,以减少寄生电容,提高传输速度。

5.4.1　印制板制造的基本流程

PCB 制造工艺基本上分为减成法和加成法两种。减成法就是指在覆铜板上按设计要求,采用机械或化学方法去除不需要的铜箔来获得导电图形的方法;加成法则是层压板基材上采用某种方法敷设上所需的导电图形,如丝网电镀法、黏贴法等,PCB 制作常用减成法,其工艺流程如下:

(1)绘制照相底图

照相制版使用,一般按 1∶1,2∶1 或 4∶1 比例绘制。

(2)底图胶片制版

获得胶片底图主要有两种方法,一种是计算机辅助设计系统和激光绘图机直接绘制,另一种是先绘制黑白底图,再经照相制版得到。

(3)图形转移

图形转移即把底板上的电路图形转印到覆铜板上,一般用丝网漏印、直接感光或热转印等。

(4)蚀刻钻孔

蚀刻又称烂板。利用化学工艺祛除板上不需要的铜箔,留下线路及符号和标注。其流程为:预蚀刻→蚀刻→清洗→浸酸处理→清洗→干燥→去抗氧膜→清洗→干燥。

钻孔:用机械加工的方法加工印制板的定位孔、焊盘孔和安装孔,常用钻床钻孔。

(5)孔金属化

通过金属化孔实现双面板的两面的导线或焊盘的连通。

(6)金属涂覆

在印制板的铜箔上涂覆一层金属,以提高电路的导电性、可焊性、耐磨性、装饰性。常用的涂覆方法有电镀和化学镀,金属镀层材料有金、银、锡、铅、铅锡合金等。

(7)涂助焊剂与阻焊剂

用于增加印制板的可焊性,进行助焊和阻焊处理。

5.4.2　化学制板流程

采用减成法制造 PCB,单面板、双面板和多面板的制作流程如下:

1.单面板化学制作流程

裁板(下料)→刷洗、干燥→网印线路抗蚀刻图形→固化检查修板→蚀刻铜→去抗蚀印料、干燥→钻定位孔→刷洗、干燥→网印阻焊图形(常用绿油)、UV 固化→网印字符标记图形、UV 固化→预热、冲孔及外形→电气开、短路测试→刷洗、干燥→预涂助焊防氧化剂(干燥)→检验 包装→成品出厂

2. 双面板化学制作流程

裁板(下料)→钻基准孔→数控钻导通孔→检验、去毛刺刷洗→化学镀(导通孔金属化)→ (全板电镀薄铜)→检验刷洗→网印负性电路图形、固化(干膜或湿膜、曝光、显影)→检验、修板 →线路图形电镀→电镀锡(抗蚀镍/金)→脱膜(感光膜)→蚀刻铜→(退锡)→清洁刷洗→网印 阻焊图形常用热固化绿油(贴感光干膜或湿膜、曝光、显影、热固化,常用感光热固化绿油)→清 洗、干燥→网印标记字符图形、固化→外形加工→清洗、干燥→电气通断检测→喷锡或有机保 焊膜→检验包装→成品出厂

3. 多层板化学制作流程

内层覆铜板双面开料→刷洗→钻定位孔→贴光致抗蚀干膜或涂覆光致抗蚀剂→曝光→显 影→蚀刻与去膜→内层粗化、去氧化→内层检查→(外层单面覆铜板线路制作→B -阶粘结片、 板材粘结片检查、钻定位孔)→层压→数控钻孔→孔检查→孔前处理与化学镀铜→全板镀薄铜 →镀层检查→贴光致耐电镀干膜或涂覆光致耐电镀剂→面层底板曝光→显影、修板→线路图 形电镀→电镀锡铅合金或镍/金→去膜与蚀刻→检查→网印阻焊图形或光致阻焊图形→印制 字符图形→(热风整平或有机保焊膜)→数控铣外形→成品检查→包装出厂

▶ 5.4.3 PCB 制板操作要求

下面以本单位购置的济南奥迈公司生产的小型化学制板系统为例,介绍单面板和双面板 制作的操作要求。

1. 单面板制作操作要求

(1)裁板

把覆铜板用裁板机裁成符合线路板大小的尺寸。

(2)打孔

在雕刻机上固定好裁剪好的覆铜板,从电脑中调出设计好的 PCB 图反片,先确定线路板 上元器件安装孔径的大小,然后选择合适的钻头在雕刻机上打出合适的元器件安装孔径(注 意:先打定位孔)。

(3)刷板

把打完孔的覆铜板放在刷板机上进行表面油污和氧化层的处理。

刷板机的操作:先将打完孔的覆铜板放入刷板机传动机构上的进板口处,再打开进水阀 门。当刷板机中有水流出时开启总电源开关(绿色按钮),打开上刷和传动旋钮至上刷和传动 位置,再调节传动速度旋钮(使速度显示电压表为 50V 比较合适)到合适速度,刷板机这时开 始工作。当覆铜板从出板口出来时(检查覆铜板表面是否处理干净光结)工作结束,关掉进水 阀门把传动和上刷旋钮旋回关闭位置,再把传动速度旋钮回零最后关闭总电源(红色按钮)操 作完成。

注意事项:

①检查入板口有无异物,防止异物进入损坏机器。

②开启水闸阀,查看喷出的水流是否畅通,水流不畅不能进行工作,否则易损坏刷辊。

③工作放板时,板子之间应留有适当距离,以防止板子重叠。

④表面含铅锡的板子,不可进入机器刷光。

（4）出片

从电脑中调出设计好的 PCB 图反片、线路板焊盘及字符层底片。通过绘图仪或打印机打印到绘图纸上。

（5）涂曝光油墨

先将曝光油墨(蓝色液体)倒出少量搅拌均匀,用刮板均匀涂抹到丝网上,然后将处理过的覆铜板放到丝网下面用刮板从下往上推动油墨(用力要均匀)使油墨通过丝网均匀地涂抹在覆铜板上。

（6）烘干

将涂抹好曝光油墨的板子放入小型烘箱进行烘干(烘箱温度调至 85 ℃,烘 8～10 分钟)。

注意事项:

①干燥必须完全,否则易粘底片而曝光不良。

②烘干后的板子应经风冷却或自然风冷却后再曝光。

③涂膜到显影时间最多不超过 12 小时。

（7）加反片曝光

先将打印好的 PCB 图反片用胶带贴到涂好曝光油墨的板子上(PCB 图反片上的元器件孔径一定要对准板子上的元器件安插孔径),然后放入曝光机进行曝光。

曝光机的操作:

①打开电脑板上的电源开关,"曝光"指示灯亮,显示窗显示时间的数字为曝光时间数(时间设为 35 秒)。

②放好板材,拉紧锁钩,按启动键,即可自动执行,在执行过程中对应的指示灯闪烁。

③晒板结束,蜂鸣器发出的响声,曝光机进入待机状态,此时面板显示时间数为曝光时间数。

（8）显影

将曝光好的板子放入显影机内进行显影,使线路显露出来。

显影机的操作:

①先打开显影机的总电源(后面板上)。然后调节面板上的设置键(SET)进行溶液温度设置(设置为 30 ℃)。

②把要显影的板子夹到显影机内的包胶夹具上。

③设置显影时间(面板上的时间继电器)为 2～3 分钟,然后打开显影开关(面板上)开始显影。

④显影完毕用清水冲洗使线路显露出来。

（9）酸蚀

将显影完毕的板子放入蚀刻机内腐蚀掉线路以外多余的铜膜。

蚀刻机的操作:

①先打开蚀刻机上的总电源(后面板上)。然后调节面板上的设置键(SET)进行溶液温度设置(设置为 40 ℃)。

②把要蚀刻的板子夹到蚀刻机内的包胶夹具上。

③设置蚀刻时间(面板上的时间继电器)为 2～3 分钟,然后打开蚀刻开关(面板上)开始蚀刻。

(10)脱膜

将蚀刻完的板子放入脱膜箱内褪掉多余的感光膜。

脱膜机的操作:

①先打开脱膜机上的总电源(后面板上)。然后调节面板上的设置键(SET)进行溶液温度设置(设置为 40 ℃)。

②把要脱膜的板子夹到脱膜机内的包胶夹具上。

③设置脱膜时间(面板上的时间继电器)为 2～3 分钟。

④然后打开脱膜开关(面板上)开始脱膜。

⑤脱膜完成后放入小烘箱进行烘干。

(11)涂阻焊油墨

使线路板耐高温、防止桥接短路、节约焊料、保护线路防止氧化。

操作步骤:

①倒出少量阻焊油墨(绿色液体)和固化剂,以 3∶1 的比例搅拌均匀,用刮板均匀涂抹到丝网上。

②将脱膜过的板子放到丝网下面,用刮板从下往上推动油墨(用力要均匀)使油墨通过丝网均匀地涂抹在线路板上。

③放入小烘箱内烘干(烘箱温度调至 85℃时间为 30 分钟)。

(12)线路板焊盘曝光

将原先打印好的焊盘底片用胶带贴到涂好阻焊油墨的板子上(底片上的焊盘一定要和线路板上焊盘位置对准),然后放入曝光机进行曝光(曝光时间为 35 秒)。

(13)线路板焊盘显影

将曝光好的线路板放入显影机内进行显影使线路板露出焊盘,然后用清水冲洗干净放入小烘箱烘干。

(14)线路板焊盘镀锡

将显影好的线路板放入喷锡箱内进行焊盘镀锡,使元器件易于焊接。

喷锡箱的操作:

①先打开喷锡箱的总电源(后面板上)。然后调节面板上的设置键(SET)进行锡液温度设置(设置为 30 ℃)。

②把要喷锡的板子夹到脱膜机内的包胶夹具上。

③设置喷锡时间(面板上的时间继电器)为 2～3 分钟。

④喷锡完成后放入小烘箱进行烘干。

(15)做字符丝网

先将感光胶(淡蓝色液体)倒出少量搅拌均匀,用刮板均匀涂抹到丝网上,将涂抹好感光胶的板子放入大型烘箱进行烘干(烘箱温度调至 85 ℃,烘 50 秒)。然后将原先打印好的字符底片用胶带贴到固化好的丝网上放入曝光机内曝光(时间为 45 秒),再放入显影机内显影出字符图片,最后用清水清洗。

(16)刷字符油墨

先将字符油墨(白色液体)倒出少量搅拌均匀,用刮板均匀涂抹到显完影字符图片的丝网上,然后将板子放到丝网下面(板子上的孔径一定要和丝网上的图片孔径对齐)。用刮板从下往上推动油墨(用力要均匀),使字符通过丝网均匀地涂抹在线路板,最后放入烘箱烘干。

注意事项:

①显影、酸蚀、脱膜操作要戴防腐蚀手套。

②丝网用完要用清洗液清洗干净。

③腐蚀箱在工作时切勿打开前盖,否则容易发生危险。

④曝光箱启动时一定要盖好防护罩,否则容易发生危险。

2. 双面板和多层板制作的孔金属化工艺要求

孔金属化是双面板和多层板生产过程中最关键的环节,决定板子内在质量的好坏。孔金属化过程又分为去钻污和化学沉铜两个过程。化学沉铜是对内外层电路互连的过程;去钻污的作用是去除高速钻孔过程中因高温而产生的环氧树脂钻污(特别是在铜环上的钻污),保证化学沉铜后电路连接的高度可靠性。多层板工艺分凹蚀工艺和非凹蚀工艺。同时要去除环氧树脂和玻璃纤维,形成可靠的三维结合。非凹蚀工艺仅仅去除钻孔过程中脱落和汽化的环氧钻污,得到干净的孔壁,形成二维结合。单从理论上讲,三维结合要比二维结合可靠性高,但通过提高化学沉铜层的致密性和延展性,完全可以达到相应的技术要求。非凹蚀工艺简单、可靠,已十分成熟,因此得到广泛应用。高锰酸钾去钻污是典型的非凹蚀工艺。

习　题

查找任一电路,要求元器件种类不少于 5 种,元器件数目不少于 15 个,画出其原理图并练习:

(1)将给定的单页原理图改画成层次结构的原理图,即一张根图和两三张子图。

(2)生成各种报表和网表。

(3)绘制 PCB 图。

(4)试在给定的 SCH. LIB 中添加元件。

第6章 电子产品装配

电子产品装配工艺过程即为整机的装接工序安排,就是以设计文件为依据,按照工艺文件的工艺规程和具体要求,把各种电子元器件、机电元件及结构件装连在印制电路板、机壳、面板等指定位置上,构成具有一定功能的完整电子产品。

6.1 装配工艺技术基础

整机装配工艺过程根据产品的复杂程度、产量大小等方面的不同而有所区别。一般来讲,整机装配工艺过程有装配准备、部件装配、整件调试、整机检验、包装入库等几个环节,如图6.1所示。

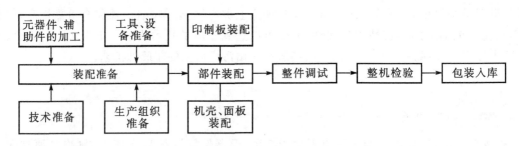

图 6.1 整机装配工艺过程

6.1.1 组装特点

电子产品属于技术密集型产品,组装电子产品具有以下主要特点:

①组装工作由多种基本技术构成。如元器件的筛选与引线成形技术、焊接技术、安装技术、质量检验技术等。

②装配操作质量在很多情况下难以进行定量分析。如焊接质量的好坏,通常以目测判断,刻度盘子、旋钮等的装配质量多以手感鉴定等。

③进行装配工作的人员必须进行训练和挑选,不能随便上岗。

6.1.2 整机组装

通常电子整机的装配是在流水线上通过流水作业的方式完成的。为提高生产效率,确保流水线连续均衡地移动,应合理编制工艺流程,使每道工序的操作时间(称节拍)相等。

流水线作业虽带有一定的强制性,但由于工作内容简单,动作单纯,记忆方便,故能减少差错,提高功效,保证产品质量。

6.1.3　整机装配的顺序和基本要求

1. 整机装配顺序

整机装配顺序按组装级别来分,分为四级:元件级、插件级、插箱板级和箱、柜级顺序进行,如图 6.2 所示。

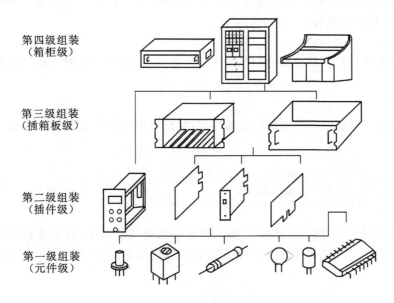

第四级组装
（箱柜级）

第三级组装
（插箱板级）

第二级组装
（插件级）

第一级组装
（元件级）

图 6.2　整机装配顺序

①第一级组装——元件级:是最低的组装级别,其特点是结构不可分割。

②第二级组装——插件级:用于组装和互连电子元器件。

③第三级组装——插箱板级:用于安装和互连的插件或印制电路板部件。

④第四级组装——箱、柜级:它主要通过电缆及连接器互连插件和插箱,并通过电源电缆送电构成独立的有一定功能的电子仪器、设备和系统。

2. 整机装配原则

整机装配的一般原则是:先轻后重,先小后大,先铆后装,先装后焊,先里后外,先下后上,先平后高,易碎易损坏的后装,上道工序不得影响下道工序。

3. 整机装配的基本要求

①未经检验合格的装配件(零、部、整件)不得安装,已检验合格的装配件必须保持清洁。

②阅读理解工艺文件和设计文件,严格遵守工艺规程。装配完成后的整机应符合图纸和工艺文件的要求。

③严格遵守装配顺序,注意前后工序的衔接,防止顺序颠倒。

④不要损伤元器件,避免碰坏机箱和元器件上的涂覆层,以免损害绝缘性能。

⑤熟练掌握操作技能,严格执行三检(自检、互检和专职检验)制度,保证质量。

6.1.4　组装方法

组装在生产过程中要占去大量时间,对于给定的应用和生产条件,必须研究几种可能的方案,并在其中选取最佳方案。目前,电子设备的组装方法从原理上可以分为以下三种。

（1）功能法

功能法是将电子产品的一部分放在一个完整的结构部件内,该部件能完成变换或形成信号的局部任务（某种功能）。

（2）组件法

组件法是制造一些在外形尺寸和安装尺寸上都统一的部件,这时部件的功能完整性退居次要地位。

（3）功能组件法

功能组件法是兼顾功能法和组件法的特点,制造出既有功能完整性又有规范化的结构尺寸和组件。

6.2　装配前的准备工艺

元器件及材料在装配前,需要进行分类、筛选以及必要的加工,这些准备工作的内容和要求称为准备工艺。包括元器件的分类和质量检查、搪锡技术、元器件成型、电缆加工、印制板加工等。

6.2.1　元器件的分类和质量检查

1.元器件的分类

在装配之前的准备工作中,元器件分类是极为重要的,经过分类可以避免元器件装错,还能提高装配的速度和质量。

在批量生产中,一般按流水作业进行组装,所以元器件通常是按流水作业的组装顺序即装配工序进行分类的,首先分为分立元件和表面贴装元件两大类。分立元件按照安装顺序又分为小功率卧式元器件、立式元器件、大功率卧式元器件、可变元器件、易损元器件、带散热器的元器件和特殊元器件。

2.元器件的质量检查

元器件的质量是电子产品质量的重要保证,在装配前应按照技术要求对元器件进行质量检查,剔除不符合要求的元器件。

（1）外观检查

首先检查元器件是否有出厂合格证明,再查看元器件的规格、型号、出厂日期是否符合技术要求。外观检查主要包括以下几方面：

①元器件的外观应完整无损,标记清晰,引线和接线端子无锈蚀或明显氧化；

②电位器、可变电容等可变元器件,调整时应无跳变、无卡死等现象；

③接插件应插拔自如,插针、插孔的镀层应光亮,无明显氧化和玷污；

④胶木件表面应无裂纹、起泡和分层,瓷质件表面应光洁、平整,无缺损；

⑤带有密封结构的元器件的密封部位不应损坏和开裂；

⑥镀银件表面应光亮,无变色发黑现象；

（2）筛选和老化

为了剔除因某种缺陷而导致元器件早期失效,提高元器件的可靠性和使用寿命,要对元器件进行筛选和老化。下面以半导体二极管、三极管为例说明如何进行筛选和老化。其筛选和老化程序为：

二极管：高温储存→温度冲击→敲击→功率老化→高温测试→常温测试→外观检查

三极管：高温储存→温度冲击→跌落（大功率不做）→高温反偏（硅 PNP 管做）功率老化→高低温测试→常温测试→检漏→外观检查

筛选中的条件及要求为：

①高温储存。

储存温度：硅二极管 150±3 ℃;硅三极管 175±3 ℃;锗二极管、三极管 100±2 ℃。

储存时间：A 级 48 小时,B 级 96 小时。

②温度冲击。

先低温后高温,转换时间少于 1 分钟,每种状态下放置 1 小时,循环 5 次。高低温温度要求：

锗管：－55±3 ℃⇔85±2 ℃

硅管：－55±3 ℃⇔125±3 ℃

③敲击。

在专用夹具上用小锤敲击器件 3 至 5 次,同时用晶体管图示仪监测最大工作电流的正向曲线,不允许曲线有跳动现象。

④功率老化。

在常温下按技术要求通电老化。例如整流二极管最大电流不大于 1 A 的,按额定电流的 1.5 倍老化,最大电流大于 1 A 的,按额定电流老化。A 级老化时间 12 小时,B 级 23 小时。

⑤高温反偏。

锗管在 70±2 ℃,硅管在 125±3 ℃下,二极管加额定反向电压,三极管在 c－b 结加反向电压（具体数值按技术要求）。反偏时间约 4 小时,漏电流不超过规定值。

⑥高温测试。

试验温度为锗二极管在 70±2 ℃,锗中小功率三极管为 55±2 ℃,锗大功率三极管为 75±2 ℃,硅管为 125±3 ℃,恒温时间为 30 分钟。

⑦低温测试。

试验温度为－55±3 ℃,恒温时间为 30 分钟。常温和检漏等均按技术文件的规定进行。

6.2.2　搪锡技术

搪锡就是预先在元器件的引线、导线端头和各类接线端子上挂上一层薄而均匀的焊锡,以便整机装配时顺利进行焊接工作。

1. 搪锡方法

导线端头和元器件引线的搪锡方法有电烙铁搪锡、搪锡槽搪锡和超声波搪锡。

(1)电烙铁搪锡

电烙铁搪锡适用于少量元器件和导线焊接前的搪锡。搪锡前应先去除元器件引线和导线端头表面的氧化层,清洁烙铁头的工作面,然后加热引线和导线端头,在接触处加入适量有焊剂芯的焊锡丝,烙铁头带动融化的焊锡来回移动,完成搪锡,如图 6.3 所示。

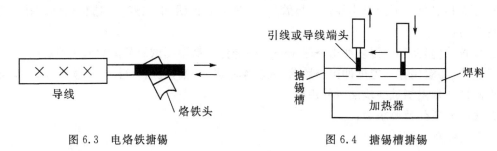

图 6.3　电烙铁搪锡　　　　　　　图 6.4　搪锡槽搪锡

(2)搪锡槽搪锡

搪锡槽搪锡如图 6.4 所示。搪锡前应刮除焊料表面的氧化层,将导线或引线沾少量焊剂,垂直插入搪锡槽焊料中来回移动,搪锡后垂直取出。对温度敏感的元器件引线,应采取散热措施,以防元器件过热损坏。

(3)超声波搪锡

超声波搪锡机发出的超声波在熔融的焊料中传播,在变幅杆端面产生强烈的空化作用,从而破坏引线表面的氧化层,净化引线表面。因此不必事先刮除表面氧化层,就能使引线被顺利地搪上锡。把待搪锡的引线沿变幅杆的端面插入焊料槽焊料中,并在规定的时间内垂直取出即完成搪锡,如图 6.5 所示。

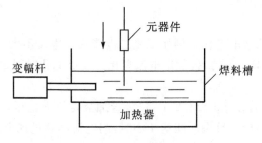

图 6.5　超声波搪锡

2.搪锡的质量要求及操作注意事项

(1)质量要求

经过搪锡的元器件引线和导线端头,其根部与离搪锡处应留有一定的距离,导线留1 mm,元器件留 2 mm 以上。

(2)搪锡操作应注意的事项

① 通过搪锡操作练习,熟悉并严格控制搪锡的温度和时间。

② 当元器件引线去除氧化层且导线剥去绝缘层后,应立即搪锡,以免引线再次氧化或污染。

③ 对轴向引线的元器件搪锡时,一端引线搪锡后,要等元器件充分冷却后才能进行另一端引线的搪锡。

④ 部分元器件,如非密封继电器、波段开关等,一般不宜用搪锡槽搪锡,可采用电烙铁搪

锡。搪锡时严防焊料和焊剂渗入元器件内部。

⑤ 在规定的时间内若搪锡质量不好,可待搪锡件冷却后,再进行第二次搪锡。若质量依旧不好,应立即停止操作并找出原因。

⑥ 经搪锡处理的元器件和导线要及时使用,一般不得超过三天,并需妥善保管。

⑦ 搪锡场地应通风良好,及时排除污染气体。

6.2.3 元器件引线成形

为了便于安装和焊接,提高装配质量和效率,加强电子设备的防震性和可靠性,在安装前,根据安装位置的特点及技术方面的要求,要预先把元器件引线弯曲成一定的形状。

元器件的引线成形一般有三种方法:手工弯折、专用模具弯折和机器整形。引线成形的技术要求如下:

①引线成形时,元器件本体不应破裂,表面封装不应损坏,引线弯曲部分不允许出现模印、压痕和裂纹。

②引线成形后,其直径的减小或变形不应超过 10%,其表面镀层剥落长度不应大于引线直径的 1/10。

③若引线上有熔接点,则在熔接点和元器件本体之间不允许有弯曲点,熔接点到弯曲点之间应保持 2 mm 的间距。

④引线成形尺寸应符合安装要求。弯曲点到元器件端面的最小距离 A 不应小于 2 mm,弯曲半径 R 应大于或等于 2 倍的引线直径,如图 6.6 所示。图中,$A \geqslant 2$ mm;$R \geqslant 2d$(d 为引线直径);h 在垂直安装时大于等于 2 mm,在水平安装时为 0~2 mm。

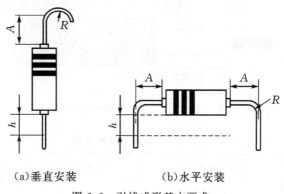

　　(a)垂直安装　　　　　(b)水平安装

图 6.6 引线成形基本要求

半导体三极管和圆形外壳集成电路的引线成形要求如图 6.7 所示。图中除角度外,单位均为 mm。

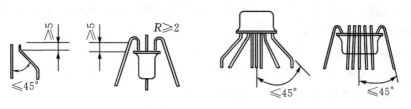

　　(a)三极管　　　　　(b)圆形外壳集成电路

图 6.7 三极管及圆形外壳引线成形基本要求

扁平封装集成电路的引线成形要求如图 6.8 所示。图中 W 为带状引线厚度,$R \geqslant 2W$,带状引线弯曲点到引线根部的距离应大于等于 1 mm。

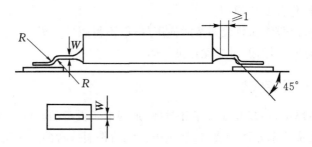

图 6.8　扁平集成电路引线成形基本要求

⑤引线成形后的元器件应放在专门的容器中保存,元器件的型号、规格和标志应向上。

6.2.4　屏蔽导线的端头处理

为了防止导线周围的电场或磁场干扰电路正常工作而在导线外加上金属屏蔽层,即构成了屏蔽导线。在对屏蔽导线进行端头处理时,应注意去除的屏蔽层不宜太多,否则会影响屏蔽效果。屏蔽线是两端接地还是一端接地要根据设计要求来定,一般短的屏蔽线均采用一端接地。

屏蔽导线端头去除屏蔽层的长度如图 6.9 所示。具体长度应根据导线的工作电压而定,通常可按表 6.1 中的数据选取。

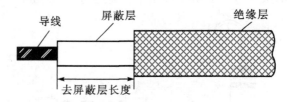

图 6.9　屏蔽导线去屏蔽层的长度

表 6.1　去除屏蔽层的长度

工作电压/V	去屏蔽层长度/mm
600 以下	10～20
600～3000	20～30
3000～10000	30～60

通常应在屏蔽导线线端处剥落一段屏蔽层,并做好接地焊接的准备,有时还要加接导线及进行其他的处理。现分述如下。

(1)剥落屏蔽层并整形搪锡

如图 6.10(a)所示,在屏蔽导线端部附近把屏蔽层开个小孔,挑出绝缘导线,并按图 6.10(b)所示,把剥落的屏蔽层编织线整形并搪好一段锡。

(a)　　　　　　　　　　　(b)

图 6.10　剥落屏蔽层并整形搪锡

（2）在屏蔽层上加接导线

有时剥落的屏蔽层长度不够，需加焊接地导线，可按图 6.11 所示，把一段直径为 0.5～0.8 mm 的镀银铜线一端绕在已剥落的并经过整形搪锡处理的屏蔽层上，绕约 2～3 圈并焊牢。

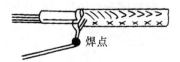

图 6.11　加焊接地导线

有时也可不剥落屏蔽层，而在剪除一段金属屏蔽层后，选取一段适当长度的导电良好的导线焊牢在金属屏蔽层上，再用绝缘套管或热缩性套管，从如图 6.12 所示的方向套住焊接处，以起到保护焊接点的作用。

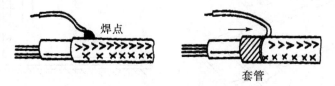

图 6.12　加套管的接地线焊接

6.2.5　电缆的加工

1.棉织线套低频电缆的端头绑扎

棉织线套多股电缆一般用作经常移动的器件的连线，如电话线、航空帽上的耳机线及送话器线等。根据工艺要求，绑扎端头时，先剪去适当长度的棉织线套，然后用棉线绑扎线套端，缠绕宽度 4～8 mm，缠绕方法见图 6.13。拉紧绑线后，将多余绑线剪掉，在绑线上涂以清漆 Q98－1胶。

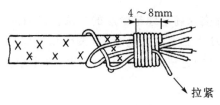

图 6.13　棉织线套低频电缆的端头绑扎

2. 绝缘同轴射频电缆的加工

对绝缘同轴射频电缆进行加工时,应特别注意芯线与金属屏蔽层间的径向距离,如图 6.14 所示。

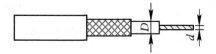

图 6.14　同轴射频电缆

如果芯线不在屏蔽层的中心位置,则会造成特性阻抗不准确,信号传输受到损耗。焊接在射频电缆上的插头或插座要与射频电缆相匹配,如 50 Ω 的射频电缆应焊接在 50 Ω 的射频插头上。焊接处芯线应与插头同心。射频同轴电缆特性阻抗计算公式如下:

$$Z = \frac{138}{\sqrt{\varepsilon}} \lg \frac{D}{d}$$

其中,Z 为特性阻抗(Ω);D 为金属屏蔽层直径;d 为芯线直径;ε 为介质损耗。

3. 扁电缆的加工

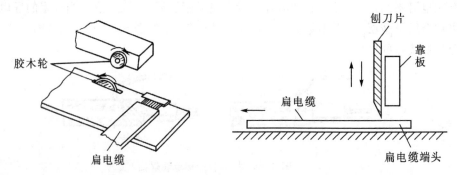

图 6.15　用摩擦轮剥皮器剥去扁电缆绝缘层　　　图 6.16　用刨刀片剥扁电缆绝缘层

扁电缆又称带状电缆,是由许多根导线结合在一起,相互之间绝缘,整体对外绝缘的一种扁平带状多路导线的软电缆。这种电缆造价低、重量轻、韧性强、使用范围广,可用作插座间的连接线、印制电路板之间的连接线及各种信息传递的输入/输出柔性连接。

剥去扁电缆绝缘层需要专门的工具和技术。最普通的方法是使用摩擦轮剥皮器的剥离法。如图 6.15 所示,两个胶木轮向相反方向旋转,对电缆的绝缘层产生摩擦而熔化绝缘层,然后绝缘层熔化物被抛光刷刷掉。如果摩擦轮的间距正确,就能整齐、清洁地剥去需要剥离的绝缘层。

图 6.16 是一种用刨刀片去除扁电缆绝缘层的方法。刨刀片可用电加热,当刨刀片被加热到足以熔化绝缘层时,将刨刀片压紧在扁电缆上,按图示方向拉动扁电缆,绝缘层即被刮去。剥去了绝缘层的端头可用抛光的方法或用适当的溶剂清理干净。扁电缆与电路板的连接常用焊接或专用固定夹具完成。

6.3　印制电路板的组装

印制电路板的组装是指将元器件安装到印制板上。

6.3.1　印制电路板装配工艺

1.元器件在印制板上的安装方法

元器件在印制板上的安装方法有两种：一是手工插装；另一种是自动插装。前者简单易行，但效率低，误装率高；后者安装速度快，误装率低，但设备成本高，引线成形要求严格。元器件在印刷板上的安装一般有以下几种安装形式。

（1）贴板安装

贴板安装形式如图 6.17 所示，它适用于防震要求高的产品。元器件贴紧印制基板面，安装间隙小于 1 mm。当元器件为金属外壳，安装面又有印制导线时，应加垫绝缘衬垫或绝缘套管。图中引脚根部到弯曲点距离为 B，最小弯曲半径为 R，引线直径为 d。

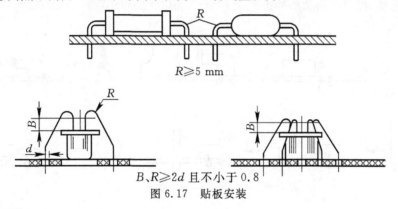

$R \geqslant 5$ mm

B、$R \geqslant 2d$ 且不小于 0.8

图 6.17　贴板安装

（2）悬空安装

悬空安装形式如图 6.18 所示，它适用于发热元件的安装。元器件距印制基板面要有一定的距离，安装距离一般为 3～8 mm。

（3）垂直安装

垂直安装形式如图 6.19 所示，它适用于安装密度较高的场合。元器件垂直于印制基板面，但大质量细引线的元器件不宜采用这种形式。

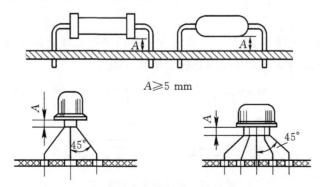

$A \geqslant 5$ mm

图 6.18　悬空安装

（4）埋头安装

埋头安装形式如图 6.20 所示。这种方式可提高元器件防震能力,降低安装高度。由于元器件的壳体埋于印制基板的嵌入孔内,因此又称为嵌入式安装。

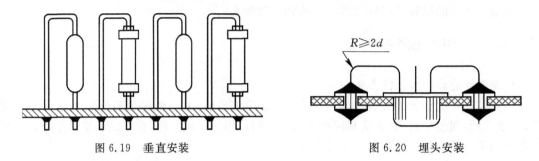

图 6.19　垂直安装　　　　　　　　　图 6.20　埋头安装

（5）有高度限制时的安装

有高度限制时的安装形式如图 6.21 所示。元器件安装高度的限制一般在图纸上是标明的,通常处理的方法是垂直插入后,再朝水平方向弯曲。对大型元器件要特殊处理,以保证有足够的机械强度,经得起振动和冲击。

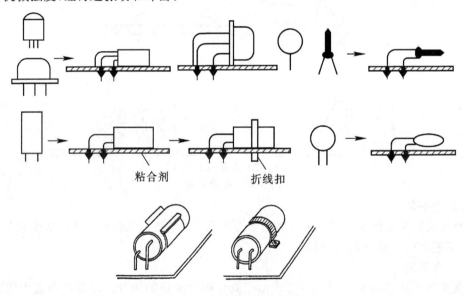

图 6.21　有高度限制时的安装

（6）支架固定安装

支架固定安装形式如图 6.22 所示。这种方式适用于重量较大的元件,如小型继电器、变压器、扼流圈等,一般用金属支架在印制基板上将元件固定。

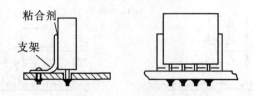

图 6.22　有固定支架的安装

2. 元件安装技术要求

①安装元器件时,标志方向应符合图纸规定,安装后应便于看清元件上的标志。若装配图上没有指明方向,则应使标记向外易于辨认,并按照从左到右、从下到上的顺序读出。

②元件的极性不能装错,安装前应套上相应的套管。

③元件安装高度应符合规定要求,同一规格的元器件应尽量安装在同一高度上。

④安装顺序一般为先低后高,先轻后重,先易后难,先一般元器件后特殊元器件。

⑤元器件在印刷板上的分布应尽量均匀,疏密一致,排列整齐美观。不允许斜排、立体交叉和重叠排列。

⑥元器件的引线直径与印刷焊盘孔径应有 0.2～0.4 mm 的合理间隙。

⑦一些特殊元器件的安装处理,MOS 集成电路的安装应在等电位工作台上进行,以免静电损坏器件。发热元件要与印刷板面保持一定的距离,不允许贴面安装,较大元器件的安装应采取固定(绑扎、粘、支架固定等)措施。

3. 元器件安装注意事项

①元器件插好后,其引线的外形处理有弯头的,要根据要求处理好,所有弯脚的弯折方向都应与铜箔走线方向相同。

②安装二极管时,除注意极性外,还要注意外壳封装,特别是玻璃壳体易碎,引线弯曲时易爆裂;对于大电流二极管,有的则将引线体当作散热器,故必须根据二极管规格中的要求决定引线的长度。

③为了区别晶体管的电极和电解电容的正负端,一般在安装时,加带有颜色的套管区别。

④大功率三极管一般不宜装在印制板上。因为它发热量大,易使印制板受热变形。

6.3.2　组装工艺流程

印制板的组装有手工方式和自动方式两种。

1. 手工方式

手工操作方式常用于产品的样机试制阶段或小批量试生产,操作者把散装的元器件逐个装接到印制电路基板上。其操作顺序如下。

待装元件准备→引线整形→插装→调整位置→剪切引线→固定位置→焊接→检验

2. 自动装配工艺流程

手工方式灵活方便,但速度慢,易出差错,效率低,不适应现代化生产的需要。尤其是对于设计稳定、产量大和装配工作量大而元器件又无需选配的产品,宜采用自动装配方式。这种方式可大大提高生产效率,减少差错,提高产品合格率。

自动装配方式采用流水线作业。流水作业把一次复杂的工作分成若干道简单的工序,每个操作者在规定的时间内完成指定的工作量(一般限定每人约 6 个元器件插件的工作量)。流水线作业每拍插入约 6 个元件,全部元器件插入后进行一次性切割、一次性锡焊,最后进行检查。

引线切割一般用专用设备割头机一次切割完成,锡焊通常用波峰焊机完成。

自动装配工艺过程框图如图 6.23 所示。经过处理的元器件装在专用的传输带上,间断地向前移动,保证每次有一个元器件进到自动装配机的装插头的夹具里。

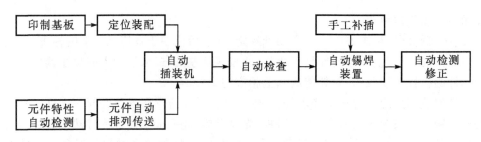

图 6.23　电路板自动装配工艺流程

　　自动插装是在自动装配机上完成的,对元器件装配的一系列工艺措施都必须适用于自动装配的一些特殊要求,并不是所有的元器件都可以进行自动装配,在这里最重要的是采用标准元器件和尺寸。

6.4　整机联装

1.整机联装的内容

　　整机联装包括机械和电气两大部分,具体来讲,总装的内容包括将各零件、部件、整件(如各机电元件、印制电路板、底座、面板以及装在它们上面的元件)按照设计要求,安装在不同的位置上,组合成一个整体,再用导线(线扎)将元、部件之间进行电气连接,完成一个具有一定功能的完整的机器,以便进行整机调整和测试。

2.整机联装的基本原则

　　整机联装的目标是利用合理的安装工艺,实现预定的各项技术指标。整机安装的基本原则是:先轻后重,先小后大,先铆后装,先装后焊,先里后外,先下后上,先平后高,易碎易损件后装,上道工序不得影响下道工序的安装。安装的基本要求是牢固可靠,不损伤元件,避免碰坏机箱及元器件的涂复层,不破坏元器件的绝缘性能,安装件的方向、位置要正确。

3.整机联装的工艺过程

　　整机联装的工艺过程为:

　　准备→机架→面板→组件→机芯→导线连接→传动机构→总装检验→包装

6.5　微组装技术简介

　　微组装技术(microcircuit packing technology,MPT)是微电路组装技术的简称,是组装技术发展的最新阶段。从工艺技术来说它虽属于"组装"范畴,但与我们通常所说的组装相差甚远,我们前面讲述的一般工艺过程是无法实现的。这项技术是在微电子学、半导体技术特别是集成电路技术以及计算机辅助系统的基础上发展起来的,解决了电子产品小型化的问题,提高了电路密度和系统性能,进一步降低了产品成本。

　　目前,典型微组装产品的技术结构有三个层次:多芯片组件(MCM)、系统级封装(SIP) 、圆片级封装(WLP)、堆叠三维(3D)或三维封装。

1. 多芯片组件

多芯片组件(multichip module，MCM)是在混合集成电路基础上发展起来的一种高技术电子产品，它将多个集成电路芯片和其他元器件高密度组装在多层互连基板上，然后封装在同一壳体内，形成高密度、高可靠的专用电子产品。

2. 圆片级封装

圆片级封装(wafer level packaging，WLP)是一种近年来发展迅速的先进封装技术，它采用的封装过程与传统封装过程完全不同，传统方法是完成管芯制作，通过中测后的硅圆片进行划片形成单个管芯，再进行后道工序，即粘片、键合、模塑包封等形成单独器件。

3. 三维组装

通常的三维封装是把两个或多个芯片(或芯片封装)在单个封装中进行堆叠，是一种强调在芯片正方向上的多芯片堆叠，实际上它也是一种堆叠封装。三维结构能够集成许多别的方法无法兼容的技术，从而显著提升器件的性能、功能性和应用领域。三维封装技术包括层压或柔性基板、内引线键合、倒装芯片、导电粘接或组合互连等技术。三维封装大致分为三种形式：芯片堆叠、封装堆叠和硅圆片堆叠。

微组装技术早期的发展动力来源于军事和大型计算机的需求，20 世纪 90 年代以来，移动电话、个人数字助理、数码相机等消费类电子产品的体积越来越小，工作速度越来越快，智能化程度度越来越高，这些日新月异的变化为微组装技术的发展展示了广阔的应用前景。

习　题

1. 试说明电子装配的流程。
2. 常见的搪锡方法有哪几种？简述手工搪锡的操作要领。
3. 元器件引线成形有哪些技术要求？
4. 简述屏蔽导线端头有哪些常见的处理方法？
5. 试述印制电路板上元器件的插装方法及插装要求。

第7章 电子产品调试

电子产品的调试,就是对电子产品排除故障,使之达到规定的技术指标的过程。电子产品的单元电路板、组装部件、整机在安装完之后,都要进行调试,使产品达到设计的技术指标,以及其他规定的要求。

7.1 调试的一般程序及工艺要求

电子产品虽然品种很多,电路成千上万,调试也千差万别。但常规调试方法大同小异,了解调试的一般程序、过程和要求,熟悉其常用检测方法,是我们掌握调试技术的基础。

7.1.1 调试工艺文件

电子产品的调试是按照调试工艺文件进行的,是根据国家、行业标准及产品的等级规格拟定的。调试工艺文件包括调试项目、调试步骤与方法、调试设备、测试条件、安全操作规程及注意事项等。基本内容包括以下几部分。

①调试所需的设备、方法及步骤。
②测试条件及有关注意事项。
③调试安全操作规程。
④调试所需的工时定额、数据资料及记录表格。
⑤测试责任者的签署及交接手续。

7.1.2 调试的一般程序

电子产品的调试一般包括调整和测试两部分。

电子产品电路中如果有电感线圈磁芯、电位器、微调电容等可调元件,还有与电气指标相关的机械传动部分,调谐系统部分等可调部件。在调试时都应对这些可调元件、部件进行调整,并测试整机的电气性能。

复杂的电子产品整机一般由若干个单元电路板、组装部件、机械部分等组成。其调试的一般程序如下。

①首先对单元电路板、组装部件、机械结构分别调试。
②当达到技术指标要求后,进行总装,然后对整机进行总调试。
③待整机调试完后,按要求进行例行试验,最后进行复调。

简单小型的电子产品,在焊接和安装完成之后,一般直接进行整机调试。例如,收音机都是直接进行整机调试的。

▶ 7.1.3　调试的工艺要求

调试工艺一般有如下几点要求。

1. 调试环境

调试场地应有良好的安全设施,确保设备及人身安全,应避免工业干扰、强功率电台及其他电磁场干扰。尤其在调试高频电路时应在对各种干扰信号具有良好的屏蔽作用的屏蔽室内进行。为防止电源波动和电源干扰,供调试用的交流电源必须经过交流稳压,必要时还需用隔离器件进行隔离。

2. 仪器仪表的选用及使用

① 调试用的仪器仪表本身的精度应高于被测量产品所要求的精度。而且均要符合一定的计量和检测要求,并经过计量校准。

② 所有仪器仪表都应接成统一的地线,并与所调试的整机或部件的地线共接。按调试工艺文件的规定,调节好仪器仪表的量程及调准好零点。

③ 对灵敏度较高的仪表(如毫伏表、微伏表),在进行测量时不仅要有良好的接地线,而且相互间的连接线须采用屏蔽线。对要求防震、防尘、防电磁场的仪器仪表,使用时还应考虑必要的防护措施。

④ 在进行高频测量时,应使用高频探头直接与被测点接触。且连接线与地线越短越好,以减少测量误差。

3. 调试前的准备

调试前的准备工作,主要包括有关设计文件、电路图纸和有关工艺文件,以及仪器、仪表、工具、工作服以及所需元器件的准备。具体有以下四个方面:

① 调试人员必须熟悉调试产品的工作原理,会合理使用仪器仪表。开始调试前,必须认真阅读调试工艺文件,掌握本工位的调试内容、调试部位、调试步骤和调试方法。

② 单元电路板、部件、整机在通电之前,必须经过严格的检查,检查无误且合格后才能通电进行调试,特别要注意避免造成短路。

③ 调试前,应把调试用的图纸、文件、工具及备用件放置在适当的位置上。

④ 屏蔽室或调试生产线一般都有安全措施,但调试人员必须按安全操作规程做好个人的防护准备。例如,调试高压高频设备时,应穿高压防护衣、高压绝缘鞋、配戴高压防护手套。

4. 通电调试

电子整机因为各自的单元电路的种类和数量不同,所以在具体的测试程序上也不尽相同。通常调试的一般程序是:

接线通电→调试电源→调试电路→全参数测量→温度环境试验→整机参数复调

通电时,应注意不同类型电子产品的加电程序。

通电后应仔细观察有无异响、异味、元件器发烫、冒烟等异常现象。如有异常应立即断电。通电后一切正常,可进行静态调试,静态调试正常后再输入信号进行动态调试。

(1)接线通电

按调试工艺规定的接线图正确接线,检查测试设备、测试仪器仪表和被调试设备的功能选择开关、量程挡位及有关附件是否处于正确的位置。经检查无误后,方可开始通电调试。

(2)调试电源

调试电源分三个步骤进行:

① 电源的空载初调。

② 等效负载下的细调。

③ 真实负载下的精调。

(3)电路的调试

电路的调试通常按各单元电路的顺序进行。

(4)全参数测试

经过单元电路的调试并锁定各可调元件后,应对产品进行全参数的测试。

(5)温度环境试验

温度环境试验用来考验电子整机在指定的环境下正常工作的能力,通常分低温试验和高温试验两类。

(6)整机参数复调

在整机调试的全过程中,设备的各项技术参数还会有一定程度的变化,通常在交付使用前应对整机参数再进行复核调整,以保证整机设备处于最佳的技术状态。

7.2 整机调试工艺

整机调试是在单元部件调试的基础上进行的。

(1)调试一般工艺

调试工艺品的一般工艺包括调试工艺流程的安排,调试工序之间的衔接,调试手段的选择,调试工艺件的编制(调试工艺卡、操作规程、质量分析表等)。

(2)调试工艺流程的安排原则

原则上应先外后内;先调结构部分,后调电气部分;先调独立项目,后调有相互影响的项目;先调基本指标,后调对质量影响较大的指标。整个过程应循序渐进。

(3)调试工序之间的衔接

指处理好上一道调试工序与下一道调试工序之间的关系。规定好每一道调试工序的具体操作项目内容和调试流程,避免重复。

(4)调试手段的选择

指调试环境条件、调试设备、调试方法的选择。环境条件一般是指温度、湿度、大气压力、机械振动、噪音、电磁场干扰等因素。

(5)调试设备的配置

要根据每个调试工序的调试内容,配备各种类型的仪器仪表或专用设备。

(6)调试方法

指对仪器仪表、专用设备的正确使用和掌握正确的调试操作方法。电子产品一般由高频电路、低频电路、振荡电路、电源电路等部分组成。不同电路的调试方法有所不同。

7.2.1 单元部件的调试

单元部件调试的一般工艺流程如下:

外观检查→静态工作点调整与测试→波形、频率测试与调整→频率特性测试与调整→性能指标综合测试

（1）外观检查

单元部件检查按调试前准备工作提出的要求进行。

（2）静态工作点调整与测试

根据调试工艺文件的要求，调整某些元件或参数使静态工作点达到要求。

（3）波形、频率测试与调整

波形、频率测试属于动态调试。在测试单元部件各级波形时，大多数需要在单元部件的输入端加入输入信号。在进行测试时要注意仪器与单元部件之间的连接线。特别是对高频电路测试时，仪器应使用高频探头，连接线采用屏蔽线，注意接线要尽量短，以避免杂散电容、电感和两引线之间耦合而影响波形、频率测试的准确性。

（4）频率特性测试与调整

在进行频率特性曲线调试时，注意连接线尽量短，否则观察到的曲线有时会不真实或受各种因素（如人体感应、移动引线位置等）的影响，使特性曲线变化。

（5）性能指标综合测试

单元部件在静态工作点、波形、频率及频率特性等项测试和调整后，最后一般还要进行整个单元部件的性能指标测试。不同类型的单元部件其性能指标各不相同，调试时应根据具体要求进行，保证单元部件的功能符合整机的要求。

7.2.2　整机调试

整机调试工艺流程如下：

整机外观检查→机械传动结构调整→整机功耗测试→单元部件性能指标测试→整机技术指标测试→例行试验→整机复测

（1）整机外观检查

根据工艺文件按先外后内的原则进行检查。检查方法、检查内容按工艺文件的要求执行。

（2）整机机械结构

整机机械结构调整主要是检查各单元印制板，各部件与机座的固定是否牢固可靠，有无松动现象，各单元印制板、各部件之间连接线的插头、插座的接触是否牢固、机械传动部分是否可以灵活调节。

（3）整机功耗测试

整机功耗测试是使用调压器调节整机的供电电压为设计值。当整机工作正常后，即可对其测试。

（4）单元部件性能指标测试

各单元部件组装成整机后，其性能参数会受到一些影响，例如输入输出阻抗、负载等影响。在整机调试中对单元部件进行调试，使各单元部件的功能符合整机的要求。

（5）整机技术指标测试

整机技术指标测试是对已调整好的整机进行严格的技术确定，以判断它所达到的水平。不同类型的整机有各自的技术指标，并规定了相应的测试方法。

（6）例行试验

例行试验是对整机进行可靠性测试，试验内容按整机各自的要求进行。

（7）整体复测

例行试验完毕后，对整机的技术指标进行复测。

7.3 调试中的故障检测方法

实际中，由于电子产品线路、元器件千差万别，元器件的安装位置、方向，元件间距、布线间距等，电子产品的故障不仅与电子元件、元件的装配有关，而且与设备使用环境等有关。但电子设备的故障主要是由于元器件、线路和装配工艺三方面的因素引起的。排除故障的一般程序可以概括为以下三个过程。

①调查研究是排除故障的第一步，应仔细摸清情况，掌握第一手资料。

②进一步对产品进行有计划的检查，并作仔细记录，根据记录进行分析和判断。

③查出故障原因，修复损坏的元件和电路。最后再对电路进行一次全面的调整和测定。

调试用到的常规故障诊断方法有观察法、测量法、跟踪法、替换法、比较法及计算机智能自动检测。

7.3.1 观察法

即通过人的视觉去发现故障。主要用于对电路板进行漏焊、虚焊、线间的短路、断线、元件装错、打火等故障的检查。观察法可分为静态观察法和动态观察法两种，一般先静态后动态。

1. 静态观察法

静态观察是指在整机不通电的情况下，通过仔细查看发现故障。静态观察按先外后内、循序渐进的原则。打开机壳前，先检查电器外表有无碰伤，按键、插口电线电缆有无破损，保险是否烧断等。打开机壳后，先查看机内各种装置和元器件有无相碰、断线、烧坏等现象，然后用手或工具拨动一些元器件、导线等做进一步检查。对于试验电路或样机，要对照原理图检查接线有无错误，元器件是否符合设计要求，IC管脚有无插错方向或折弯、有无漏焊、桥接等故障。

当静态观察没有异常或排除了故障点后，下一步用动态观察法。

2. 动态观察法

动态观察法也称为通电观察法，即给线路通电后，用看、嗅、听、触觉检查故障。

通电观察，一般情况下应使用仪表，如多用表、示波器等监视电路状况。

通电后，观察电路中有无打火、冒烟等；有无异常声音；有无烧焦、烧糊的异味；用手触摸一些管子、集成电路等是否发烫，发现异常立即断电。

7.3.2 测量法

测量法即通过仪表测量有关元件或线路的电参数发现故障，根据检测的电参数特性又可分为电阻法、电压法、电流法、逻辑状态法和波形法。

1. 电阻法

各种电子元器件和电路的基本特征是具有电阻，利用万用表测量电子元器件或电路各点之间电阻值来判断故障的方法称为电阻法。

测量电阻值,有"在线"和"离线"两种基本方式。

①"在线"测量,要考虑安装焊接后被测元器件受其他并联支路的影响,测量结果应对照电路原理图分析判断。

②"离线"测量需要将被测元器件或分支电路从整体电路或印制板上解焊下来,操作较麻烦但测量结果可靠。

用电阻法测量集成电路,通常先把一个表笔接地,用另一表笔测量各引脚对地电阻值,然后对调表笔再测一次,将测量值与正常值(有些资料给出的参考值)进行比较,相差较大者往往是故障所在处,但不一定是集成电路损坏。

电阻法对确定开关、接插件、导线、印制板导电图形的通断及电阻器的变质、电容器短路、电感线圈断路等故障非常有效而且快捷,但对晶体管、集成电路以及电路单元来说,一般还不能直接判断故障,还要对比分析或兼用其他方法。

使用电阻法时应注意下列几点:

①使用电阻法时应在电路断电、大电容放电的情况下进行,否则测量结果不准确,甚至会损坏万用表。

②在检测低电压供电的集成电路(≤5 V)时避免使用指针式万用表的 10 k 档。

③在线测量时应把万用表表笔交替测试,对比分析。

2. 电压法

通过测量电路中各点工作电压来判断故障的方法称为电压法。电压法根据电源性质又可分为交流和直流两种电压测量。

(1)交流电压测量

一般电子产品中的交流电路是对 50/60 Hz 市电经升压或降压后的电压,只需用普通万用表 AC 档选择合适的电压量程即可直接测量。

对于非 50/60 Hz 的交流电压,测量时应考虑所用电压表的频率特性,例如变频器输出电压频率较高。一般指针式万用表频率使用范围为 45~2000 Hz,数字式万用表为 45~500 Hz,超出范围或非正弦波测量结果都不准确。

(2)直流电压测量

检测直流电压一般分为三步:

①测量稳压电路输出端是否正常。

②各单元电路及电路中的关键"点",例如放大器电路输出点、外接部件电源端等处电压是否正常。

③电路中主要元器件如晶体管、集成电路各管脚电压是否正常,对集成电路首先要测量电源引脚端。

一般维修资料中都提供有集成电路各引脚的工作电压,还可用工作正常的同种电路测出各点电压进行比对,偏离正常值较大的部位或元器件,基本上就是故障所在部位。

3. 电流法

电路在正常工作时,总电流及各部分工作电流都是稳定的值,如果偏离正常值较大的部位往往是故障所在。

电流法分为直接测量和间接测量两种方法。

①直接测量法：就是把电流表直接串接在被检测的回路而测得电流值的方法。这种方法需要对线路作"手术"，例如断开导线、解焊元器件引脚等，才能进行测量。对于整机总电流的测量，一般可通过把电流表两个表笔接到开关上的方法测量，对测量 220 V 交流电时要注意测量安全。

②间接测量法：实际上是用测量电压的方法换算成电流值。这种方法快捷方便，但如果所选测量点的元器件有故障则不易准确判断。

采用电流法检测故障，应对被测电路正常工作电流值预先心中有数。还可参考有关元器件给出的正常工作电流值或功耗值。一般运算放大器、TTL 电路静态工作电流不超过几毫安，CMOS 电路则在毫安级以下。

4. 波形法

波形法就是采用示波器观察电路信号通路各点的波形去发现故障，是最直观、最有效的故障检测方法。

波形法主要应用于以下三种情况：

(1)波形的有无和形状

一般对电路各点的波形有无和形状是确定的，如果测得某点波形没有或形状异常，则故障发生于该电路的可能性较大。

当观察到不应出现的自激振荡或调制波形时，一般无法直接确定故障部位，但从频率、幅值大小可以分析故障原因。

(2)波形失真

在放大或缓冲等电路中，若电路参数失配或元器件选择不当或损坏都会引起波形失真，通过观测波形和分析电路即可找出故障原因。

(3)波形参数

利用示波器测量波形的各种参数，如幅值、周期、前后沿、相位等，与正常工作时的波形参数对照，从而找出故障原因。

应用波形法时应注意下述两点。

①对检测电路中的高电压和大幅度脉冲的部位一定不能超过示波器允许的电压范围。必要时采用高压探头、带衰减的探头或对电路观测点采取分压或取样等措施。

②示波器接入电路时本身的输入阻抗对电路有一定影响，尤其在测量脉冲电路时，要采用有补偿作用的 10∶1 探头，否则观测的波形与实际不符。

5. 逻辑状态法

对数字电路来说，只需检测电路各部位的逻辑状态即可确定电路工作是否正常。数字逻辑主要由高低两种电平状态，另外还有脉冲串及高阻状态。一般使用逻辑笔进行电路检测。

一般功能简单的逻辑笔可测量单种电路(TTL 或 CMOS)的逻辑状态。功能较全的逻辑笔除了可测多种电路的逻辑状态，还可定量测试脉冲个数，有的还具有脉冲信号发生器的作用，可发出单个脉冲或连续脉冲供检测电路时使用。

7.3.3 跟踪法

信号传输电路，包括信号获取(信号产生)、信号处理(信号放大、转换、滤波、隔离等)以及信号执行电路,在现代电子电路中应用的较多。对于这种电路的检测关键是跟踪信号的传输环节。

具体应用时,根据电路的种类可分为信号寻迹法和信号注入法两种。

1. 信号寻迹法

信号寻迹法是针对信号产生和处理电路的信号流向寻找信号踪迹的检测方法,具体检测时又可分为正向寻迹(由输入到输出顺序查找)、反向寻迹(由输出到输入顺序查找)和等分寻迹三种。

①正向寻迹:是常用的检测方法,借助测试仪器(示波器、频率计、万用表等)逐级定性、定量检测信号,从而确定故障部位。图 7.1 是交流毫伏表的电路框图及检测示意图。这里用一个固定的正弦波信号源加到毫伏表输入端,从衰减电路开始逐级检测各级电路,根据该级电路功能及性能可以判断该处信号是否正常,逐级观测,直到查出故障。

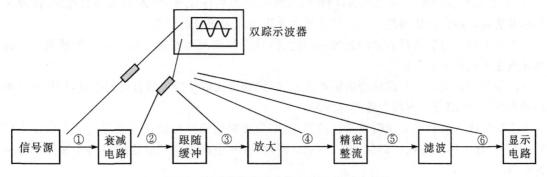

图 7.1　交流毫伏表的电路框图及检测示意图

②反向寻迹:按从后到前的顺序检测,与正向寻迹相反。

③等分寻迹:对于单元较多的电路是一种高效的方法,它适用于多级串联结构的电路,且各级电路故障率大致相同,每次测试时间差不多的电路,但对于有分支、有反馈或单元较少的电路则不宜采用此法。

以某仪器时基信号产生电路为例说明等分寻迹法。该电路由晶体振荡器产生 5 MHz 信号,经 9 级分频电路,产生测试要求的 1 Hz 和 0.01 Hz 信号,如图 7.2 所示。

电路共有 10 个单元,如第 9 单元有问题,采用正向法需测试 8 次才能找到。等分寻迹法是把电路分为两部分,先判定故障在哪一部分,然后把有故障的部分再分为两部分检测。若以第 9 单元故障为例,用等分寻迹法测 1 kHz 信号,发现正常,判定故障在后半部分;再测 1 Hz 信号,仍正常,可判定故障在 9、10 单元,第三次测 0.1 Hz 信号,即可确定第 9 单元的故障。

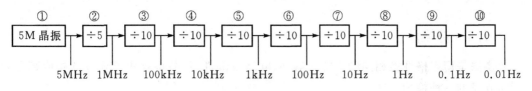

图 7.2　等分寻迹法检测故障示意图(分频器)

2. 信号注入法

对于本身不带信号产生电路或信号产生电路有故障的信号处理电路,采用信号注入法是有效的检测方法。所谓信号注入,就是在信号处理电路的各级输入端输入已知的外加测试信号,通过终端指示器(如指示仪表、扬声器、显示器等)或检测仪器来判断电路工作状态,从而找出电路故障。

图 7.3 是一个典型的调频立体声收音机框图。检测时需要两种信号:鉴频器之前要求调频立体声信号,解码器之后是音频信号。通常检测收音机电路采用反向信号注入,即先把一定频率和幅度的音频信号从 A_R、A_L 开始逐渐向前推移,通过扬声器或耳机监听声音的有无和音质及大小,从而判断电路故障。如果音频电路部分正常,就要用调频立体声信号源,从 G,H……依次注入,直到找出故障点。

采用信号注入法检测时要注意下列几点:

①信号注入顺序根据具体电路可采用正向、反向或中间注入的顺序。

②注入信号的性质和幅度要根据电路和注入点变化而定,如上例在收音机音频部分注入信号,靠近扬声器需要的信号就强,同样信号注入 B 点可能正常,注入 D 点就会过强,使放大器饱和失真。通常以估测注入点工作信号大小作为注入信号的参考。

③注入信号时要选择合适的接地点,防止信号源和被测电路相互影响。一般情况下可选择靠近注入点的接地点。

④信号与被测电路要选择合适的耦合方式,例如交流信号应串接合适的电容,直流信号串接适当电阻,使信号与被测电路阻抗匹配。

⑤信号注入有时可采用简单易行的方式,如收音机检测时可用人体感应信号作为注入信号(即手持导电体碰触相应部位)进行判别。同理,有时也必须注意感应信号对外加信号检测的影响。

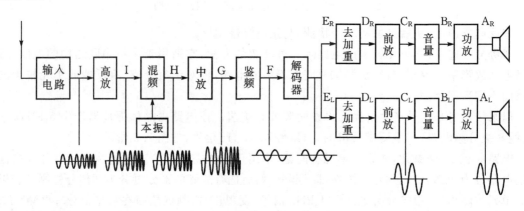

图 7.3　调频立体声收音机框图

7.3.4　替换法

替换法是用规格性能相同的正常元器件、电路或部件,代替电路中被怀疑的相应部分,从而判断故障的一种检测方法。

实际应用中,按替换的对象不同,有以下三种方法。

1. 元器件替换

元器件替换除某些电路结构较为简单方便外(如插接件的 IC、开关、继电器等),一般都需要拆焊,操作比较麻烦且易损坏周边电路或印制板,所以应尽量避免对电路做"大手术"。例如,怀疑某两个引线元器件开路,可直接焊上一个新元件试验;怀疑某个电容容量减少,可并上一只电容试一下。

2. 单元电路替换

当怀疑某一单元电路有故障时,用一台同型号或类型的正常电路,替换待查机器的相应单元电路,可判定此单元电路是否正常。有些电路有相同的电路或干路,例如立体声电路左右声道完全相同,可用于交叉替换试验。

当电子设备采用单元电路多板结构时替换试验比较方便。因此对现场维修要求较高的设备,尽可能采用替换的结构,使设备维修性良好。

3. 部件替换

由于集成电路和安装技术的发展进步,电子产品向集成度更高、体积更小的方向发展,不仅元器件替换试验困难,单元电路替换也越来越不方便。电路的检测、维修逐渐向板卡级甚至整体方向发展。特别是较为复杂的由若干独立功能件组成的系统,检测时主要采用的是部件替换法。

部件替换试验要遵循下述三点:

①用于替换的部件与原部件必须是相同型号和规格,或者是主要性能、功能兼容的合格品。

②要替换的部件接口应能正常工作,至少是电源及输入、输出口正常,这样不会使替换的部件损坏。所以在替换前,对接口电源进行检测。

③替换要单独试验,切不可一次换多个部件。

对于采用微处理器的系统还应注意先排除软件故障后,才可进行硬件检测和替换。

7.3.5　比较法

有时用多种检测手段及试验方法都不能判定故障所在,此时用比较法。常用的比较法有整机比较、调整比较、旁路比较及排除比较四种方法。

1. 整机比较法

整机比较法是把故障机与同一类型工作正常的机器进行比较,查找故障的方法。这种方法对于缺乏资料而且本身较复杂的设备,例如以微处理器为基础的产品尤为适用。

整机比较法是以检测为基础的。对可能存在故障的电路部分进行工作点测定和波形观察,或者信号监测,比较好坏设备的差别,容易发现问题。有时由于每台设备不可能完全一致,检测结果还要具体分析判断,这是一些常识性问题,需要基础理论和实践经验的积累。

2. 调整比较法

调整比较法是通过整机设备可调元件或改变某些状态,比较调整前后电路的变化来确定故障的一种检测方法。这种方法适用于置放时间较长,或经过搬运、跌落等外部条件变化而引起故障的设备。

对于设备因受到外界力的作用有可能改变出厂时整定参数而引起故障,在检测时事先做好复位标记的前提下,可改变某些可调电容、电阻、电感等元件,并记录好比较调整前后设备的工作状态。有时还需要触动元器件引脚、导线、接插件或把插件拔出重新插接,或者把有嫌疑的部位重新焊接等等,注意观察和纪录状态变化前后设备的工作状态,发现故障并排除故障。

运用调整比较法时切不可乱调乱动，调整前后都应作好标记。调整和改变状态应一步一步地进行，随时比较变化前后的状况，如发现调整无效或向坏的方向变化时，应及时恢复原状。

3. 旁路比较法

旁路比较法是用合适的容量和耐压的电容对被检测设备电路的某些部位进行旁路试验的比较检查方法。它主要适用于电源干扰、寄生振荡等故障。

旁路比较法实际上是一种交流短路试验，一般情况下选用一种容量较小的电容，临时并接在有问题的部位与"地"之间，观察比较故障现象的变化。如果电路向好的方向变化，可适当调整电容容量大小做多次试验，直到故障消除。

4. 排除比较法

有些组合整机或组合系统中往往有若干相同功能和结构的组件，如发现系统功能异常时，不能确定引起故障的组件，此时采用比较法容易确认故障所在。

其方法是把组件逐一插入，同时监视整机或系统，如果系统正常工作，即可排除该组件的嫌疑。再插入另一块组件试验，直到找出故障为止。

举例如下：

某控制系统共有 8 个插卡分别控制 8 个对象，如发现系统存在干扰，采用比较排除法，当插入第五块卡时干扰现象出现，即确认第五块卡有问题，用其他相同的卡代替，干扰排除。

使用此法应注意以下几点：

①上述方法是递加排除，同样也可采用逆向方向，即递减排除。

②这种多单元系统故障有时不是一个单元组件引起的，这种情况下应多次试验比较才可排除。

③采用排除比较法时每次插入或拔出单元组件都要关断电源，防止因带电插拔而造成的系统损坏。

7.3.6 计算机智能自动检测

计算机被广泛用于电子产品中，目前常见主要有两类计算机检测方法。

1. 开机自检

这是一种初级检测方法。利用计算机 ROM 中固化的通电自检程序（POST，power-on self test）对计算机内部各种硬件、外设及接口等设备进行检测，另外还能自动测试机内硬件和软件的配置情况，当检出故障时，进行声响和屏幕提示。

用开机软件检测各部分硬件的特征参数，将测试结果与预先存储的标准值进行对比、诊断，可以判定硬件的好坏，但一般情况下不能确定故障具体的部位，也不能按操作者意愿进行深入测试。

2. 检测诊断程序

这种方法是计算机运行一种专门的检测诊断程序，它可以由操作者设置和选择测试的目标、内容和故障报告方式，对大多数故障可以定位至芯片。

这一类专用程序很多，从早期的 QAPLUS、NORTON、PCTOOLS 到目前的 EVEREST Ultimate Edition、SiSoftware Sandra Pro、Z 武器等，随着版本升级，功能越来越强。另外系统软件中一般本身也带有检测程序，从 DOS6. X 及 WIN3. X 以后的各 WINDOS 操作系统都具有相应监测功能。

目前 EVEREST Ultimate Edition、SiSoftware Sandra Pro、Z 武器等检测程序已经发展到人工智能模式,它利用装在计算机内的专门硬件和软件对系统进行监测,例如对 CPU 的温度、工作电压、机内温度等不断进行自动测试,一旦超出范围立即显示出报警信息,便于用户采取措施,保证机器正常运转这种智能监测方式在一定范围内还可自动采取措施消除故障隐患,例如机内温度过高,自动增加风扇转速强迫降温,甚至强制机器"休眠",而在机内温度较低时降低风扇转速或停转,以节能和降低噪声。同时还能保护电脑稳定运行,优化清理系统。

7.4　整机的加电老化

7.4.1　加电老化的目的

整机产品总装调试完毕后,通常要按一定的技术规定对整机实施较长时间的连续通电考验,即加电老化试验。加电老化的目的是通过老化发现并剔除早期失效的电子元器件,提高电子设备工作可靠性及使用寿命,同时稳定整机参数,保证调试质量。

7.4.2　加电老化的技术要求

整机加电老化的技术要求有:温度、循环周期、积累时间、测试次数和测试间隔时间等几个方面。

①温度。整机加电老化通常在常温下进行。有时需对整机中的单板、组合件部分进行高温加电老化试验,一般分三级:40±2 ℃、55±2 ℃和 70±2 ℃。

②循环周期。每个循环连续加电时间一般为 4 小时,断电时间通常为 0.5 小时。

③积累时间。加电老化时间累计计算,积累时间通常为 200 小时,也可根据电子整机设备的特殊需要适当缩短或加长。

④测试次数。加电老化期间,要进行全参数或部分参数的测试,老化期间的测试次数应根据产品技术设计要求来确定。

⑤测试间隔时间。测试间隔时间通常设定为 8 小时、12 小时和 24 小时几种,也可根据需要另定。

7.4.3　加电老化试验大纲

1.加电老化试验大纲内容

整机加电老化前应拟制老化试验大纲作为试验依据,老化试验大纲必须明确以下主要内容:

①老化试验的电路连接框图;

②试验环境条件、工作循环周期和累积时间;

③试验需用的设备和测试仪器仪表;

④测试次数、测试时间和检测项目;

⑤数据采集的方法和要求;

⑥加电老化应注意的事项。

2. 加电老化试验一般程序

①按试验电路连接框图接线并通电。

②在常温条件下对整机进行全参数测试,掌握整机老化试验前的数据。

③在试验环境条件下开始通电老化试验。

④按循环周期进行老化和测试。

⑤老化试验结束前再进行一次全参数测试,以作为老化试验的最终数据。

⑥停电后,打开设备外壳,检查机内是否正常。

⑦按技术要求重新调整和测试。

习 题

1. 试说明整机调试的程序及要求。

2. 简述电子产品常规调试方法。

3. 调试中的故障检测方法有哪些?

4. 加电老化试验大纲包括哪些内容?

第8章 实践产品

8.1 收音机制作

国内大部分工科院校在电子工艺实习中都有收音机制作环节,收音机是我们日常生活中的小电器,学生们在制作收音机的过程中,将获得关于电子产品的一些感性认识,加深对无线电类电子理论课程的理解,掌握电子元器件的焊接、安装、连线等基本技能,掌握设计和选取电子元器件的方法,培养学生阅读电气原理图和电子线路图的能力,激发学生动手、动脑、合作以及创新的积极性。

8.1.1 无线电广播和接收概述

1. 无线电广播

无线电广播是一种利用电磁波传播声音信号的手段,为此需要了解一些基本概念。

①声波:声波是振动辐射产生的疏密波。人们说话时,声带的振动引起周围空气共振,并以 340 m/s 的速度向四周传播,称为声波。

②声波频率:声波频率在 20 Hz~20 kHz 范围内,人能够听到。

③声波传递途径:声波只有依赖媒质传递,在不同的媒质中传递的速度不同。声波在媒质中传播时产生散射,声音强度随距离增大而衰减,因此,远距离声波传送必须依靠载体来完成,这个载体就是电磁波。

④电磁波:电磁波是由电磁振荡电路产生的,可以通过天线发射到空中,也称为无线电波。电磁波的传播速度与光速(3×10^8 m/s)相同。当电磁波在地球表面传送时,其延时效应微乎其微。因此,无线广播选择电磁波作为载体是非常理想的。

⑤无线电广播的发射:先将声波经过电声器件转换成声频电信号,调制器使高频等幅振荡信号被声频信号所调制;已调制的高频振荡信号经放大后送入发射天线,转换成无线电波辐射到空中。

⑥无线电广播的接收:收音机的接收天线接收到空中的电波;调谐电路选中所需频率的信号;检波器将高频信号还原成声频信号(即解调)。

⑦调制方式:利用无线电波作为载波,对信号进行传递,可以用不同的装载方式。在无线电广播中分为调幅、调频两种调制方式。

2. 电磁波的发射和接收

广播节目的发送是在广播电台进行。广播节目的声波,经过电声器件如话筒等转换成音频电信号,音频信号经音频放大器放大后送往调制器。在调制器中对高频载波信号进行调制,从调制器输出的调幅或调频信号再经过高频放大器放大后送到发射天线,将载有声音"信息"

的无线电波发出,就形成无线电广播,如图 8.1 所示。无线电广播的优点有:① 抗干扰能力好;② 频带宽,音质好;③ 频道容量大,解决电台拥挤问题。

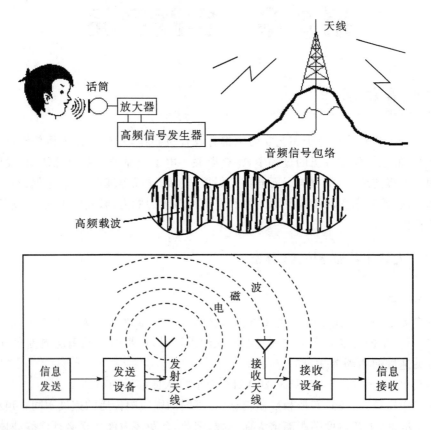

图 8.1 无线电广播示意图

无线电广播的接收是由收音机实现的,其原理为接收天线收到空中的电波;调谐电路选中所需频率的信号;检波器将高频信号还原成声频信号(即解调);解调后得到的声频信号再经过放大获得足够的推动功率;最后经过电声器件转换,还原出广播内容。可见,在无线电广播和接收过程中,无线电波是信息传播的重要工具。

3. 振幅调制(amplitude modulation)

所谓振幅调制(也叫调幅),就是使载波的振幅随着调制信号的变化规律而变化,其实质就是将调制信号频谱搬移到载波频率两侧的频率搬移过程。经过调制后的高频已调波,其波形和频谱都与原来的载波不同,因此调制过程也就是波形和频谱的变换过程。

调幅波的特点是载波的振幅受调制信号的控制作周期性的变化。其变化的周期与调制信号的周期相同,而振幅的变化与调制信号的振幅成正比。

图 8.2 给出单音调制时调幅波的波形图。从调幅波形可见,它保持着高频载波的频率特性,调幅波振幅的包络变化规律与调制信号的变化规律一致。即当调制信号最大时,调幅波振幅最大;而当调制信号负的绝对值最大时,调幅波振幅最小。调幅波振幅的平均值即是载波振幅。

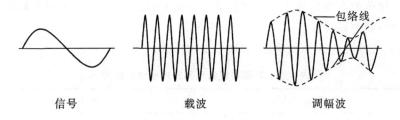

图 8.2　单音调制时调幅波的波形图

目前,调幅制无线电广播分作长波、中波和短波三个大波段,分别由相应波段的无线电波传送信号。

长波(LW:long wave)　　（频率:150～435 kHz）

中波(MW:medium wave)（频率:535～1605 kHz）

短波(SW:short wave)　　（频率:1.6～26.1 MHz）

我国只有中波和短波两个大波段的无线电广播。中波广播使用频段的电磁波主要靠地波传播,也伴有部分天波;短波广播使用的频段的电磁波主要靠天波传播,近距离内伴有地波。

4. 频率调制(frequency modulation)

调频(FM)是用音频信号去调制高频载波的频率,使高频载波的瞬时频率随调制信号而有规律的变化,载波的幅度保持不变。已调波频率变化的大小由调制信号的大小决定,变化的周期由调制信号的频率决定。已调波的振幅保持不变。调频波的波形,就像个被压缩得不均匀的弹簧,调频波用英文字母 FM 表示。

图 8.3 给出单音调制时调频的波形图。

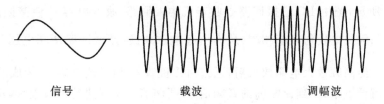

图 8.3　单音调制时调频的波形图

从调频波形可见,调频波振幅保持不变。

调频波的频率跟随信号的变化规律而改变。当调制信号幅度最大时,调频波最密,频率最大;而当调制信号负的绝对值最大时,调频波最稀疏,频率最低。

调频制无线电广播多用于超短波（甚高频）无线电波传送信号,使用频率约为 87～108 MHz,主要靠空间波传送信号。

目前,地面的广播电视分做 VHF（甚高频或称米波）和 UHF（特高频或称分米波）两个频段。在我国,VHF 频段电视使用的频率范围是 48.5～300 MHz,划分成 1～12 频道,UHF 频段使用的频率范围是 470～956 MHz,划分成:3～68 频道。它们基本上都是靠空间波传播。国际上规定的卫星广播电视有 6 个频段,主要频段是 12 kMHz,也是靠空间波传播。

调频(FM)广播频率是在 VHF 波段中划分出的一段,规定专门用于广播。

电视信号的传播也采用调频方式,由于原理相近,因此可将调频收音机接收头作部分改动,使得收音机接收的电波信号不仅能覆盖87～108 MHz波段,还能达到更低频率或更高频率,这样就能接收到电视伴音。

调幅和调频两种方式各有优缺点,如表8.1中所列。

表8.1 调幅和调频两种方式优缺点比较

	调幅(AM)	调频(FM)
优点	①传播距离远,覆盖面大 ②电路相对简单	①传送音频频带较宽(100～15000 Hz)适宜于高保真音乐广播 ②抗干扰性强,内设限幅器除去幅度干扰 ③应用范围广,用于多种信息传递 ④可实现立体声广播
缺点	①传送音频频带窄(200～2500 Hz),缺乏高音 ②传播中易受干扰,噪声大	传播衰减大,覆盖范围小

所谓全波段收音机,应包括以上各波段,覆盖全部频率范围。

所谓多波段收音机,是指其接收范围没有完全覆盖所有波段,只包含部分频段。

为使短波的频率调整更准确、更容易,多波段收音机将短波波段分为若干频段:SW1、SW2、SW3……通常分为七段。

8.1.2 收音机基本原理

1. 最简单收音机原理

如图8.4所示,图中LC谐振回路是收音机输入回路,改变电容C使谐振回路固有频率 $f = \dfrac{1}{2\pi\sqrt{LC}}$ 与无线电发射频率相同,从而引起电磁共振,谐振回路两端电压 V_{AB} 最大,将该电波接收下来。经高频放大电路放大后,通过由二极管D和滤波电容 C_1 构成的检波电路,将调幅信号包络解调下来,得到调制前的音频信号,再将音频信号进行低频放大,送到喇叭,就完全还原成声波信号。

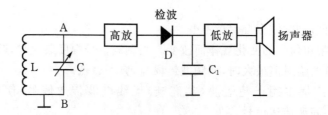

图8.4 最简单的收音机组成框图

这就是最简AM收音机(也称高放式收音机)的工作原理。它电路简单,易于安装调试,成本低,但灵敏度低,选择性不太好,不适合日常使用。为了克服以上不足,我们引入"超外差"这一概念。

2. 超外差式收音机基本原理

由于最简 AM 收音机中高频放大器只能适应较窄频率范围的放大,要想在整个中波频段 535 kHz～1605 kHz 获得一致放大是很困难的。因此用超外差接收方式来代替高放式收音机。

所谓超外差式,就是通过输入回路先将电台高频调制波接收下来,和本地振荡回路产生的本地信号一并送入混频器(利用晶体管的非线性作用导致混频的结果产生许多新的频率),再经中频回路进行频率选择,得到一固定的中频载波(如:调幅中频国际上统一为 465 kHz 或 455 kHz)调制波,这个过程称为变频。超外差的实质就是将调制波不同频率的载波,变成固定的且频率较低的中频载波(简称中频)。在广播、电视、通讯领域,超外差接收方式被广泛采用。如图 8.5 所示,通过变频,将所要收听的电台的高频信号变成另外一个预先确定好的中频频率,然后再进行中频放大和检波。

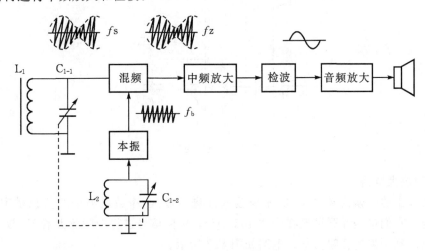

图 8.5 超外差原理

电台信号频率(或称调幅信号频率)(FS)与本地振荡频率(FO)和中频频率(IF)之间的关系为 FO－FS＝IF。

超外差方式使接收的调制信号变为统一的中频调制信号,再进行高频放大,就可以得到稳定且倍数较高的放大信号,从而大大提高收音机的品质。

比较起来,超外差式收音机具有以下优点:接收高低端电台(不同载波频率)的灵敏度一致;灵敏度高;选择性好(不易串台)。超外差式收音机包括调频与调幅两种,本书仅介绍调幅超外差式收音机的组成、原理、安装与调试方法。

3. 超外差式调幅收音机基本组成

调幅收音机由输入回路、变频电路、中频放大电路、检波电路及音频功率放大电路组成。

(1)输入回路

收音机输入回路的任务是接收广播电台发射的无线电波,并从中选择出所需电台信号。输入回路是由收音机内部的磁棒天线线圈与调台旋钮相连的可变电容构成的 LC 调谐电路,如图 8.6 所示。调节可变电容可使 LC 调谐回路的固有频率等于电台频率,产生谐振,以选择不同频率的电台信号。再由 T1 耦合到下一级变频级。

（2）变频电路

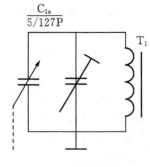

图 8.6　输入回路

变频电路由混频、本机振荡和选频三部分电路,其主要作用是把不同频率的输入信号变成频率固定的 465 kHz 的中频信号,如图 8.7 所示。本机振荡电路产生一个比输入信号频率高 465 kHz 的等幅振荡信号,本振信号和输入信号在 V_1、C_3 和变压器组成的变频回路中进行混频,利用晶体管的非线性,产生各种频率的电信号,再通过后面的负载谐振电路,从众多频率的信号群中选出 465 kHz 的中频信号。

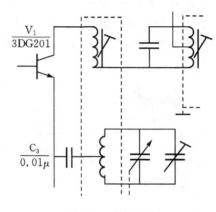

图 8.7　变频电路

（3）中频放大电路

选频级输出的中频信号由 V_2 的基极输入并进行放大,中放电路中的负载是中频变压器和谐振电容。它们也是并联谐振在中频 465 kHz。中频信号进行中频放大器 V_3 放大以后,再送给检波以得到所需的音频信号。电路如图 8.8 所示。

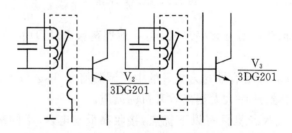

图 8.8　中频放大电路

V2、V3 为中放管,两个虚线框内是中频变压器,因谐振频率为 465 kHz,故简称"中周"。电路作用是放大 465 kHz 的中频信号,提高灵敏度和选择性。

（4）检波电路

收音机检波电路的任务是把要接收的广播电台音频信号从中频载波中"取下来",以达到接收的目的。检波电路如图 8.9 所示。

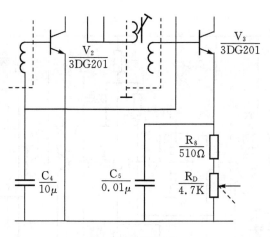

图 8.9 检波电路

V_2 基极与发射级之间的 PN 结对中频载波信号进行检波，C_5、R_8、R_D 组成的滤波电路滤除检波后的残余中频及高次谐波，最后把取出来的音频信号经电容耦合到低放级放大。

（5）音频功率放大电路

如图 8.10 所示，V_4 为前置放大管。V_5、V_6 为推挽功放管。T_5 为音频输入变压器。电路作用是放大音频信号，输出足够的音频功率，推动扬声器 Y 发声。

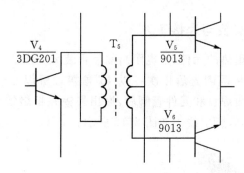

图 8.10 音频功率放大电路

（6）六管超外差式调幅收音机的整机电路

六管超外差式调幅收音机的整机电路如图 8.11 所示。

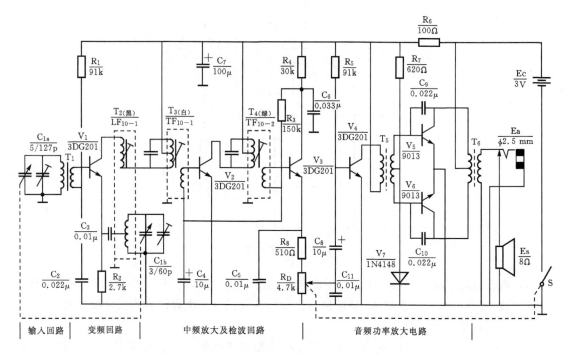

图 8.11　六管超外差式调幅收音机的整机电路

8.1.3　收音机的安装与焊接工艺

　　安装时请先装低矮或耐热的元件(如电阻),然后再装大一点的元件(如中周、变压器)。焊接时两手各持烙铁、焊锡,从两侧先后依次各以 45°角接近所焊元器件管脚与焊盘铜箔交点处。待融化的焊锡均匀覆盖焊盘和元件管脚后,撤出焊锡并将烙铁头沿管脚向上撤出。待焊点冷却凝固后,剪掉多余的管脚引线。如图 8.12 所示。

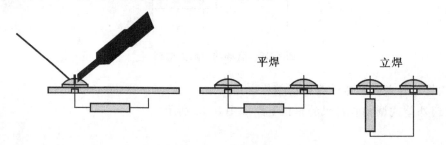

图 8.12　焊接示意图

　　焊接时的注意问题:

①连接导线要先镀锡再焊接,剥线裸露部位不要大于 1 mm;

②焊接所用时间尽量短,焊好后不要拨弄元件以免焊盘脱落;

③焊点大小均匀,表面光亮,无毛刺无虚焊;

④元件管脚应留出焊点外 0.2~0.8 mm;

元件明细如表 8.1 所示。

表 8.1　元件明细表

序号	元件名称	代号	型号规格	数量	备注
1	电阻	R_1，R_5	91k	2	
2	电阻	R_2	2.7k	1	
3	电阻	R_3	150k	1	
4	电阻	R_4	30k	1	
5	电阻	R_6	100Ω	1	
6	电阻	R_7	620Ω	1	
7	电阻	R_8	510Ω	1	
8	电位器	R_D	4.7k	1	
9	对联	C_{1a}，C_{1b}	5－127P　3－60P	1	
10	电容	C_2，C_9，C_{10}	0.022μ	3	
11	电容	C_3，C_5，C_{11}	0.01μ	3	
12	电解电容	C_4，C_8	10μ	2	
13	电容	C_6	0.033μ	1	
14	电解电容	C_7	100μ	1	
15	无线线圈	T_1		1	
16	磁棒	T_1		1	
17	二极管	V_7	1N4148	1	
18	三极管	V_1，V_2，V_3，V_4	3DG201	4	
19	功放管	V_5，V_6	9013	2	
20	输入输出变压器	T_5，T_6		2	
21	中周	T_2	LF_{10-1}	1	黑
22	中周	T_3	TF_{10-1}	1	白
23	中周	T_4	TF_{10-2}	1	绿
24	开关	S		1	
25	耳机插座	Ea	φ2.5mm	1	
26	喇叭	Es	8Ω	1	

8.1.4　收音机的调整步骤

① 调静态工作点，使各级三极管都处在工作状态。

② 调中频，使三个中频变压器都准确谐振于 465 kHz。

方法：将 465 kHz 的中频调幅波信号输出线的非接地端接入 V_1 的基极，地线接至电池的负极，用无感起子依次调整 T_4、T_3、T_2 的磁芯位置，以改变其电感量，使声音达最大而且不刺耳。

由于前、后级之间相互影响,反复调整几次。

③ 对刻度(调整振荡回路的电感、电容),使双连电容全部旋入至全部旋出时,收音机所接收的信号频率范围正好是整个中波段 535 kHz～1605 kHz。

方法:接收 535 kHz 的调幅波信号(将信号输出线的非接地端靠近磁性天线,地线接至电池的负极),将刻度盘旋至 535 kHz 处,用无感起子调整振荡回路的线圈 T_2 的磁芯位置,以改变其电感量,使声音达最大而且不刺耳。

接收 1605 kHz 调幅波信号(将信号输出线的非接地端靠近磁性天线,地线接至电池的负极),将刻度盘旋至 1605 kHz 处,调振荡回路的补偿电容(微调电容),使声音达最大而且不刺耳。

由于高、低端之间相互影响,反复调整几次。

④ 调统调(调整输入回路的电感、电容),使本机振荡频率与输入回路频率的差值恒为中频 465 kHz。

方法:接收 600 kHz 的调幅波信号(将信号输出线的非接地端靠近磁性天线,地线接至电池的负极),将刻度盘旋至 600 kHz 的刻度处,调输入回路的线圈在磁棒上的位置,以改变其电感量,使声音达最大而且不刺耳。用蜡将线圈 T_1 固定。

接收 1500 kHz 的调幅波信号(将信号输出线的非接地端靠近磁性天线,地线接至电池的负极),将刻度盘旋至 1500 kHz 的刻度处,调输入回路的补偿电容(微调电容),使声音达最大而且不刺耳。

由于高、低端之间相互影响,反复调整几次。

8.2 音频功率放大器制作

音频功率放大器,简称"功放",俗称"扩音机"。其作用就是把来自音源或前级放大器的弱信号放大,推动音箱发声。一套良好的音响系统中功放具有关键作用。

按照使用元器件的不同,功放又有"胆机"(电子管功放)、"石机"(晶体管功放)、"IC 功放"(集成电路功放)三种。近年来由于新技术,新概念在胆机中的使用,使得电子管这个古老的真空器件又大放异彩。由于"IC 功放"的音色比不上前两种,所以在 HIFI 功放中很少看到它。

很多情况下,主机的额定输出功率不能胜任带动整个音响系统的任务,这时就要在主机和播放设备之间加装功率放大器,来补充所需的功率缺口,而功率放大器在整个音响系统中起到了"组织、协调"的枢纽作用,在某种程度上主宰着整个系统能否提供良好的音质输出。

这类音频放大的典型应用电路,由集成块 TDA2030 和较少元件组成,该装置调整方便、性能指标好,特别是集成块内部设计有完整的保护电路,能自我保护。

TDA2030 是性能十分优良的功率放大集成电路,其主要特点是上升速率高、瞬态互调失真小,在目前流行的数十种功率放大集成电路中,规定瞬态互调失真指标的仅有包括 TDA2030 在内的几种。瞬态互调失真是决定放大器品质的重要因素,是该集成功放的一个重要优点。

TDA2030A 的内部电路如图 8.13 所示。主要由差动输入级、中间放大级、互补输出级和偏置电路组成。

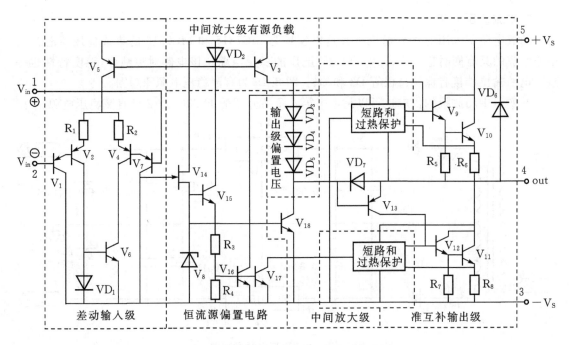

图 8.13　TDA2030A 集成功放的内部电路

TDA2030A 的外形及管脚排列如图 8.14 所示。

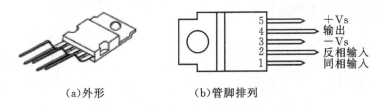

（a)外形　　　　（b)管脚排列

图 8.14　TDA2030A 的外形及管脚排列

根据资料,在各国生产的单片集成电路中,输出功率最大的不超过 20 W,而 TDA2030 的输出功率却能达到 18 W,若使用两块电路组成 BTL 电路,输出功率可增至 36 W。另一方面,大功率集成块由于所用电源电压高、输出电流大,在使用中稍有不慎往往致使损坏。而在 TDA2030 集成电路中,设计了较为完善的保护电路,一旦输出电流过大或管壳过热,集成块能自动地减流或截止,使自己得到保护(当然这保护是有条件的,决不能因为有保护功能而随意使用)。

▶ 8.2.1　音频功率放大器的应用电路介绍

1. 电路组成

本功率放大器所用的核心芯片是国际通用高保真音频功率放大集成电路 TAD2030A。电路由两部分组成:直流稳压电源和左右声道的功率放大器。

2. 直流稳压电源

功放电路所采用的直流稳压电源是以型号为 MC7815 和 MC7915 的集成稳压器芯片为中心组成的具有同时输出＋15 V、－15 V 电压的稳压电路。该电路对称性好，温度特性也一致。电源输出端接有保护二极管 D3 和 D4。图 8.15 为直流稳压电源原理图。

在实习中功放板的供电也可以是本书第 4 章所介绍的 HY3002－2 型直流稳压电源。

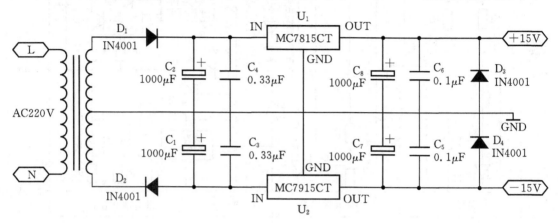

图 8.15　直流稳压电源原理图

3. 左右声道功率放大器

左右声道功率放大器原理图如图 8.16。

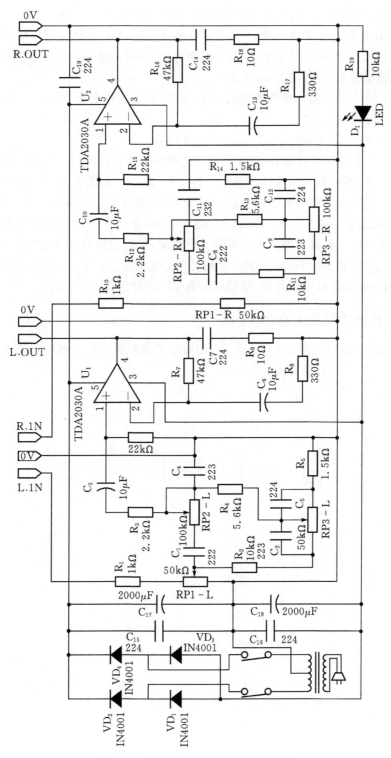

图 8.16 左右声道功率放大器原理图

由于左右声道是对称的,此处以分析右声道为例。如图 8.16 所示,LED 和 R_{19} 组成电源指示电路,以指示电源是否正常工作。C_{10} 是输入耦合电容,在信号输入端口中,作用是隔离直流噪声,这个电容是工作在信号源旁,直接接入输入端,因而需要一个较高的击穿电压的电容,而且电容的取值不能太大,可定为 $10\mu F$。

R_{15} 是 TDA2030 同向输入端偏置电阻。R_{16} 和 R_{17} 决定了该电路交流负反馈的强弱及闭环增益。该电路闭环增益为:

$(R_{16}+R_{17})/R_{17}=(47000+330)/330=143.42$ 倍

C_{15} 和 C_{16} 为电源高频旁路电容,防止电路产生高频振荡。C_{14} 和 R_{18} 组成补偿网络,用以在电路接有感性负载(扬声器)时,保证高频稳定性。R_{10} 是一个起限流作用的电阻,使输入信号不会过大。滑动变阻器 RP1−R 起改变输入信号大小,调节音量的作用。下一级是高低频的选频网络,其一是通过电容 C_8 和 C_{11} 可以起到选择高频、消去低频和直流的作用,再通过另外一个滑动变阻器 RP2−R 调节电路中的高频作用效果,从而起到调节高音的效果;另外一条路线由于只接了一个电阻 R_{11} 可以通直流电流及低频交流电流。由于 C_9 和 C_{12} 起消去低频中的高频成份,从而起到选择低频的效果,滑动变阻器 RP3−R 用以调节低音。

8.2.2 音频功率放大器的 PCB

1. 功放板 PCB 顶面如图 8.17 所示。该图标示了功放板所有元器件的插装位置,以及有极性的元件的"+"、"−"极性方向。

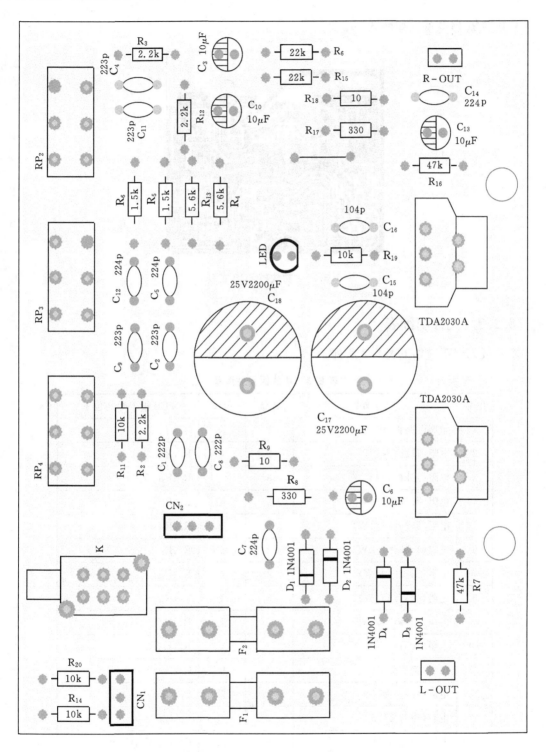

图 8.17　功放板 PCB 顶面

4. 功放板 PCB 底面如图 8.18。

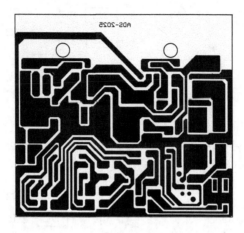

图 8.18 功放板 PCB 底面

8.2.3 元件明细表

功放板元件明细如下表 8.2 所列。

表 8.2 功放板元件清单

序号	型号/参数	数量	单位	PCB 板上焊装位置
1	印刷电路板(PCB)	1	块	
2	电阻(1kΩ 1/4W)	2	支	R_1,R_{10}
3	电阻(10kΩ 1/4W)	3	支	R_2,R_{11},R_{19}
4	电阻(2.2kΩ 1/4W)	2	支	R_3,R_{12}
5	电阻(5.6kΩ 1/4W)	2	支	R_4,R_{13}
6	电阻(1.5kΩ 1/4W)	2	支	R_5,R_{14}
7	电阻(22kΩ 1/4W)	2	支	R_6,R_{15}
8	电阻(47kΩ 1/4W)	2	支	R_7,R_{16}
9	电阻(330kΩ 1/4W)	2	支	R_8,R_{17}
10	电阻(10kΩ 1/4W)	2	支	R_9,R_{18}
11	电容(瓷片 222)	2	只	C_1,C_8
12	电解(瓷片 223)	2	只	C_2,C_9
13	电容(瓷片 223)	2	只	C_4,C_{11}
14	电容(瓷片 224)	5	只	C_5,C_{12},C_7,C_{14},C_{19}
15	电容(电解 10F/25V)	4	只	C_3,C_{10},C_6,C_{13}
16	电容(电解 2200F/25V)	2	只	C_{17},C_{18}

序号	型号/参数	数量	单位	PCB 板上焊装位置
17	二极管(1N4002)	4	支	D_1,D_2,D_3,D_4
18	LED 红 Φ3	1	只	LED_1
19	电位器(B50kΩ)	1	块	RP_1
20	电位器(B100kΩ)	2	块	RP_2,RP_3
21	IC(TDA2030A)	2	块	U_1,U_2
22	散热器	1	块	
23	电源开关	1	个	
24	保险丝(10A)	1	个	
25	变压器(220V～+/−12V)	1	块	
26	电源线(长 1m 外径 1mm)		根	
27	2P 排线(2.5mm)	2	条	
28	3P 排线(2.5mm)	1	条	

8.2.4　调试与检测

1. 调试

（1）静态工作点测试

将焊装好元器件的 PCB 板接上电源变压器(次级为双 12 V),不带负载情况下接通电源,按下电路板上电源开关,测试滤波电容两端输出电压应分±15 V 左右。若出现异常应该立即断电。

（2）最大输出功率测试

将 8 Ω 负载(滑线电阻器)接入功率输出端。再将信号源调至频率 $f=1000$ Hz,输出电压为 1 V,接到音频放大器的一个声道输入端。将音调调节电位器调到最大。功率输出端接上示波器、毫伏表、失真度仪。接线如图 8.19 所示。

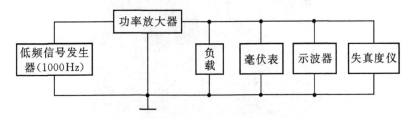

图 8.19　输出功率测试电路连接图

调节音量电位器,使输出信号失真度 THD＝3％时,测出功率放大器的输出电压值,计算放大器的最大输出功率。

（3）音乐试听

在功率调试正常后,接上音乐信号源,试听音量和音调电路对音乐的调节效果。调节左右声道的音调电位器,能够听到高低音调的声音有明显的提升和衰减。

2.检测

① 电路板焊接完成后,按照电路图从头到尾检查一遍,确认是否有元件焊点接错;

② 按照信号输入顺序连接各个端口;

③ 连接信号源,此处我们选择用 mp3 播放的音频信号;

④ 直流稳压电源连接 220 V 市电,确认无误后打开电源开关;

⑤ 检测输出端扬声器是否发声。

8.3 电动卡通机器猫制作

电动卡通机器猫是电子工艺实习中学生可以制作的一种玩具类机电一体化产品。由学生完成从电路原理分析,到元器件检测、PCB 焊接、整机装配、功能测试、指标调试的全过程,达到培养同学们工程实践能力的目的。

8.3.1 目标与要求

①认识机器猫产品,掌握声控、光控、磁控传感器原理,了解传感器基础知识。

②掌握 555 定时器以及构成的单稳态触发电路的工作原理以及分析方法。

③掌握电路板的安装工艺。

④掌握产品整机装配与调试方法。

8.3.2 产品简介

机器猫产品如图 8.20 所示,具有机、电、声、光、磁结合的特点,当外界发出拍手声、或者用磁铁靠近猫的尾部、或者用手电筒照射猫的面部,机器猫均会自动行走一段距离,然后自动停下,当再次有声、光、磁触发时又会重复上述过程。

图 8.20 机器猫外形图

▶️ 8.3.3　工作原理

1. 机器猫产品基本原理框图(图 8.21)

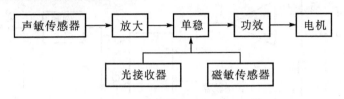

图 8.21　机器猫原理框图

2. 555 定时器介绍和 555 构成的单稳态触发电路的工作原理

(1)555 定时器逻辑符号和引脚排列

555 定时器逻辑符号如图 8.22 所示,引脚排列如图 8.23 所示。

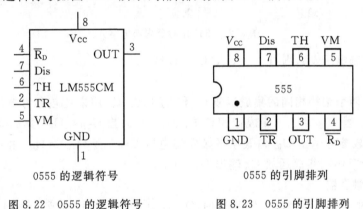

0555 的逻辑符号　　　　　　　0555 的引脚排列

图 8.22　0555 的逻辑符号　　　图 8.23　0555 的引脚排列

(2)555 定时器引脚功能

555 定时器引脚功能如下:

① 1 脚(GND):接地。

② 2 脚 V_{in2}($\overline{TR}$):低电平触发端,简称低触发端,标志为 $\overline{TR}$。

③ 3 脚 VO(OUT):输出端。

④ 4 脚 $\overline{R_D}$(RST):复位端。

⑤ 5 脚 VM(CON):控制电压端。

⑥ 6 脚 V_{in1}(TH):高电平触发端,简称高触发端,又称阈值端,标志为 TH。

⑦ 7 脚 Dis:放电端。

⑧ 8 脚 V_{CC}:电源。

(3)555 定时器内部电路分析

555 定时器内部电路如图 8.24。由分压器、比较器基本 RS 触发器及开关输入输出组成。

①分压器

分压器由三个等值的电阻串联而成,将电源电压 V_{CC} 分为三等分,作用是为比较器提供两个参考电压 U_{R1}、U_{R2},若控制端 5 悬空或通过电容接地,则:$U_{R1}=2/3V_{CC}$,$U_{R2}=1/3V_{CC}$。若

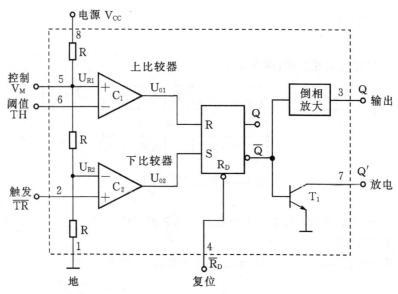

图 8.24 555 定时器内部电路

控制端 5 外加控制电压 U_S,则:$U_{R1} = U_S$,$U_{R2} = 1/2 U_S$。

②比较器

比较器是由两个结构相同的集成运放 C_1 和 C_2 构成,C_1 用来比较参考电压 U_{R1} 和高电平触发端电压 U_{TH}:当 $U_{TH} > U_{R1}$,集成运放 C_1 输出 $U_{01} = 0$;当 $U_{TH} < U_{R1}$,集成运放 C_1 输出 $U_{01} = 1$。C_2 用来比较参考电压 U_{R2} 和低电平触发端电压 $U_{\overline{TR}}$:当 $U_{\overline{TR}} > U_{R2}$,集成运放 C_2 输出 $U_{02} = 1$;当 $U_{\overline{TR}} < U_{R2}$,集成运放 C_2 输出 $U_{02} = 0$。

③基本 RS 触发器

当 RS = 01 时,Q = 0,$\overline{Q}$ = 1;当 RS = 10 时,Q = 1,$\overline{Q}$ = 0;当 RS = 00 或 RS = 11 时,保持不变。

④开关及输出

放电开关由一个晶体三极管组成,称其为放电管,其基极受基本 RS 触发器输出端 $\overline{Q}$ 控制。当 $\overline{Q}$ = 1 时,放电管导通,放电端 Q' 通过导通的三极管为外电路提供放电的通路;当 $\overline{Q}$ = 0,放电管截止,放电通路被截断。

(4)555 定时器的功能表

555 定时器的功能表如表 8.2。

表 8.2 555 定时器的功能表

$U_{\overline{R_D}}$	U_{TH}	U_{01}	$U_{\overline{TR}}$	U_{02}	R	S	Q	$\overline{Q}$	输出	放电
0	×	×	×	×	×	×	×	×	0	与地导通
1	$> 2/3 V_{CC}$	1	$> 1/3 V_{CC}$	1	0	1	0	1	0	与地导通
1	$< 2/3 V_{CC}$	0	$> 1/3 V_{CC}$	1	1	1	×	×	保持原状态不变	保持原状态不变
1	$< 2/3 V_{CC}$	0	$< 1/3 V_{CC}$	0	1	0	1	0	1	与地断开

(5)555 构成的单稳态触发电路的工作原理

用 555 定时器组成的单稳态触发器电路及其工作波形如图 8.25 所示。

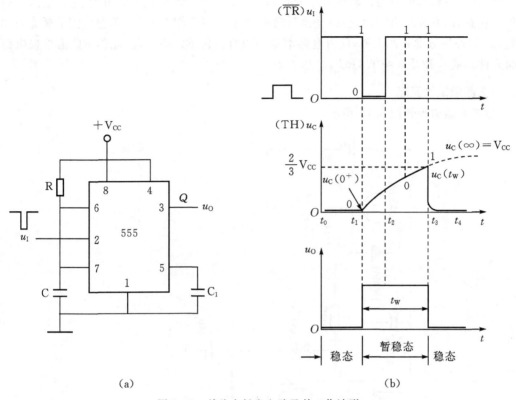

图 8.25 单稳态触发电路及其工作波形

工作原理如下：

① $t_0 \sim t_1$ 稳态。

输入脉冲信号 u_I，加在置位控制输入端 2 号引脚上，平时为高电平。在电路接通电源后，有一个进入稳态过程，即电源通过 R 向电容 C 充电，当其上电压 $u_C \geqslant 2/3V_{CC}$，则 6 号引脚状态为 1，而 u_I 的 2 号引脚状态也为 1，则输出为 0，放电管 T 导通，电容上电压 u_C 通过 7 号引脚放电，使 6 号引脚状态变为 0，则输出不变，仍为 0，电路处于稳定状态。

② $t_1 \sim t_2$ 暂稳态。

在 t_1 时刻，输入 u_I 为下降沿触发信号，2 号引脚状态为 0，而 6 号引脚状态仍为 0，这时电路输出发生翻转为 1，放电管 T 截止，电容开始充电，电路进入暂稳态。此后，在 t_2 时刻，电容电压还未充到 $2/3V_{CC}$，输入 u_I 必须由 0 变为 1，故 6 号、2 号引脚状态在 $t_1 \sim t_3$ 为 0、0 和 0、1，输出一直为 1，放电管处于截止状态。

③ t_3 时刻恢复稳态。

在 t_3 时刻电容上电压被充到 $\geqslant 2/3V_{CC}$ 时，这时 6 号、2 号引脚状态为 1、1，使输出由 1 翻转为 0，暂稳态结束，电路又恢复稳态。这时放电管 T 导通，u_C 立即快速放电，使 6 号、2 号引脚状态为 0、1，输出维持不变，为 0 态，电路处于稳态。

综上所述，单稳态触发器电路平时（即触发信号未到来时，总是处于一种稳定状态。在外来触发信号的作用下，它能翻转成新的状态。但这种状态是不稳定的，只能维持一定时间，因而称之为暂稳态（简称暂态）。

暂态时间结束,电路能自动回到原来状态,从而输出一个矩形脉冲,由于这种电路只有一种稳定状态,因而称之为"单稳态触发器",简称"单稳电路"或"单稳"。单稳电路的暂态时间的长短 t_w,与外界触发脉冲无关,仅由电路本身的耦合元件 RC 决定,因此称 RC 为单稳电路的定时元件。$t_w = RC\ln3 \approx 1.1RC$。

3. 机器猫工作原理

(1)机器猫原理如图 8.26 所示。

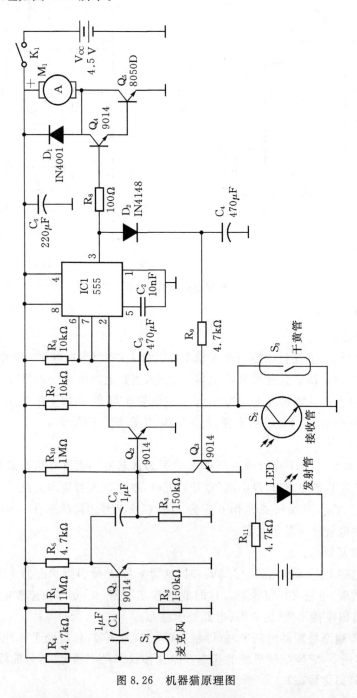

图 8.26 机器猫原理图

该装置主要由声控检测电路、光控检测电路、磁控检测电路、触发电路、单稳态电路、开关组成。利用 555 构成的单稳态触发器,在三种不同的控制方法下,均以低电平触发,促使电机转动,从而达到了机器猫停—走的目的。即:拍手即走、光照即走、磁铁靠近即走,但都只是持续一段时间后就停会下,再满足其中一条件时将继续行走。

麦克风 S_1 接收声控信号,其中 R_4 为麦克风提供工作电压,C_1 为耦合电容提供交流通路;S_2 为红外接收管,接收红外信号;S_3 为干簧管,接收磁控信号;R、LED、V 为红外发射装置,发射红外信号;R_1、R_2、R_5、Q_1 为交流小信号放大电路,C_3 为耦合电容提供交流通路;R_3、R_7、R_{10}、Q_2 为开关电路,提供 555 芯片 IC1 的 2 脚输入脉冲;R_6、C_5 为单稳电路的定时元件;C_2 为控制端 5 接地电容;C_6 电源滤波电容 R_8、Q_4、Q_5、M_1 负载输出电路,D_1 续流二极管保护 M_1;D_2、C_4、R_9、Q_3 为稳态期间防止第二个脉冲进入;K_1、V_{CC} 为整机提供 4.5 V 电源。

声敏元件麦克风 S_1 与电阻 R_1、R_2 组成声敏取样电路,主要是将声信号转变为电信号,为单稳态电路提供触发信号。光敏三极管、干簧管可以将光信号、磁场信号转变为电信号,为单稳态电路提供触发信号。

声敏元件 S_1 没有声音激发时,其导电率很低,且呈高阻抗,使得 Q_1 反偏截止,电源通过 R_{10} 加在 Q_2 的基极上,Q_2 截止。这样,IC1 的 2 脚输入高电平,处于复位状态,3 脚输出低电平,M_1 关断,则电机没有工作,机器猫保持静止状态。

当声敏元件麦克风 V_1 接收到声音信号时,其内部会产生一系列电子密度的变化,因而麦克风 V_1 电阻变得很小。这时,声波检测信号通过 C_1 直接耦合到 Q_1 的基极上而导通,并且反向,再通过 C_3 直接耦合到 Q_2 的基极,与通过 R_{10} 的电压叠加变成高电平,Q_2 导通,使得 IC_1 等元件组成的单稳态电路 2 脚输入从高电平跳变为低电平,IC_1 被触发翻转,3 脚输出高电平,M_1 开通,电动机开始工作,机器猫便开始行走了,同时行走的时间将延长到单稳态触发器的延时时间。

当 IC_1 的 3 脚输出高电平可以带动电机工作的同时,D_2 被导通,将直接加到 Q_3 的基极上,Q_3 被导通,进而 Q_2 被截止,IC_1 的 2 脚输入由低电平跳为高电平。IC_1 处于复位状态。

由于声波的延续,使得声敏元件麦克风 V_1 连续不断地受到声波的作用,则 IC_1 的 2 脚会不断得到触发,3 脚持续输出高电平,这时该电路将一直驱动电机 M_1 工作,机器猫会持续行走,直到声波消失。

当光敏三极管或干簧管被激发时,他们可以直接将光信号、磁信号转变为电信号,使得 IC_1 等元件组成的单稳态电路 2 脚由高电平跳变为低电平,从而 IC_1 被触发翻转,3 脚输出高电平,M_1 开通,电动机开始工作,机器猫便开始行走了,同时行走的时间将延长到单稳态触发器的延时时间。

当 IC_1 的 3 脚输出高电平可以带动电机工作的同时,D_2 被导通,将直接加到 Q_3 的基极上,Q_3 被导通,进而 Q_2 被截止,IC_1 的 2 脚输入由低电平跳为高电平。IC_1 处于复位状态。由于光信号、磁信号的延续,使得光敏接收管和干簧管连续不断地受到光信号、磁信号的作用,则 IC_1 的 2 脚会不断得到触发,且 3 脚持续输出高电平,这时该电路将一直驱动电机 M_1 工作,机器猫会持续行走,直到光信号或磁信号消失为止。

8.3.4 焊接与安装

1. 机器猫产品的元器件清单

机器猫全部元器件清单见表 8.3。

表 8.3 元器件清单

序号	代号	名称	型号及规格	数量	外形图
1	R_1,R_{10}	电阻	1 MΩ	2	
2	R_2,R_3	电阻	150 KΩ	2	
3	R_4,R_5,R_9	电阻	4.7 KΩ	3	
4	R_6,R_7	电阻	10 KΩ	2	
5	R_8	电阻	100 Ω	1	
6	C_1,C_3	电解电容	1 μF/10 V	2	
7	C_2	瓷片电容	10 μF	1	
8	C_4	电解电容	47 μF/16 V	1	
9	C_5	电解电容	470 μF/10 V	1	
10	C_6	电解电容	220 μF/10 V	1	
11	D_1	二极管	1N4001	1	
12	D_2	稳压二极管	1N4148	1	
13	Q_1,Q_2,Q_3	三极管	9014(NPN)	3	
14	Q_2	三极管	9014D(NPN)	1	
15	Q_5	三极管	8050D(NPN)	1	
16	IC_1	集成电路	555	1	
17	S_1	声敏传感器	sound control	1	
18	S_2	红外接收管	infrared	1	
19	S_3	磁敏传感器	reed switch	1	
20	J_x	连接线	Φ0.12:70 cm J_1～J_4:10 cm J_5,J_6:15 cm	1	
21		屏蔽线	15 cm	1	
22		热塑套管	3 cm	1	
23		外壳(含电动机)		1	
24		线路板	82～55 mm	1	

2. 机器猫主控制板 PCB 顶面(如图 8.27 所示)

顶面也叫元件面,是通过丝印的方式制做到 PCB 板上的,故又叫丝印图,图中详细标出了每个元件的安装位置,以及有极性元件的"＋"、"－"方向。

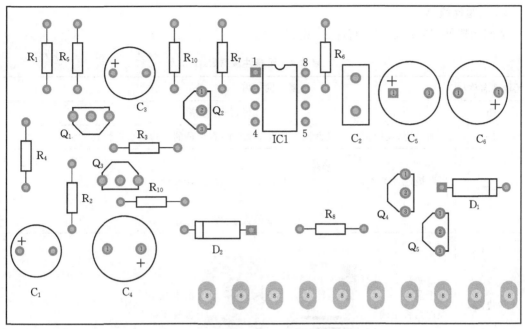

图 8.27　机器猫主控制板 PCB 顶层丝印图

3. 机器猫主控制板 PCB 底面(如图 8.28 所示)

底面又叫焊接面。

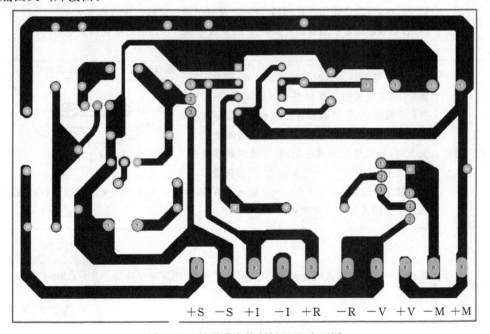

图 8.28　机器猫主控制板 PCB 底面图

4．元器件检测

全部元器件安装前必须进行测试，见表8.4。

表 8.4　元器件检测表

元器件名称	测 试 内 容 及 要 求
电阻	阻值是否合格
二极管	正向导通，反向截止。极性标志是否正确（注：有色环的一边为负极性）
三极管	判断极性及类型： 　　　　　8050、9014(D)为 NPN 型 β值大于 200
电解电容	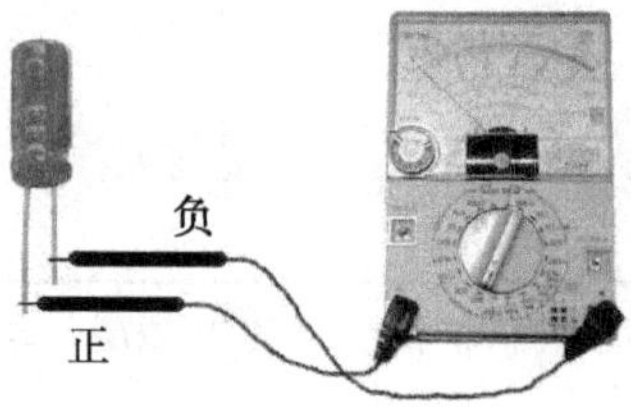 是否漏电　　　　　负　　　　　漏电流小 极性是否正确　　　　　　　　极性正确 　　　　正
光敏三极管 （红外接收管）	由两个 PN 结组成，它的发射极具有光敏特性。它的集电极则与普通晶体管一样，可以获得电流益，但基极一般没有引线。光敏三极管有放大作用，如右图所示。当遇到光照时，C、E 两极导通。测量时红表笔接 C 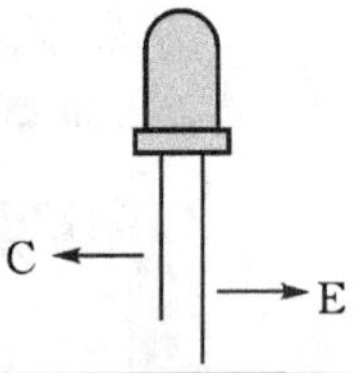　　C ← 　　　　　　　　　　　　　　　　　　　　　　　　　　　　　→ E
干簧管 （舌簧开关）	由一对磁性材料制造的弹性舌簧组成，密封于玻璃管中，舌簧端面互叠留有一条细间隙，触点镀有一层贵金属，使开关具有稳定的特性和延长使用寿命。当恒磁铁或线圈产生的磁场施加于开关上时，开关两个舌簧磁化，若生成的磁场吸引力克服了舌簧的弹性产生的阻力，舌簧被吸引力作用接触导通，即电路闭合。一旦磁场力消除，舌簧因弹力作用又重新分开，即电路断开。机器猫所用的干簧管属常开型 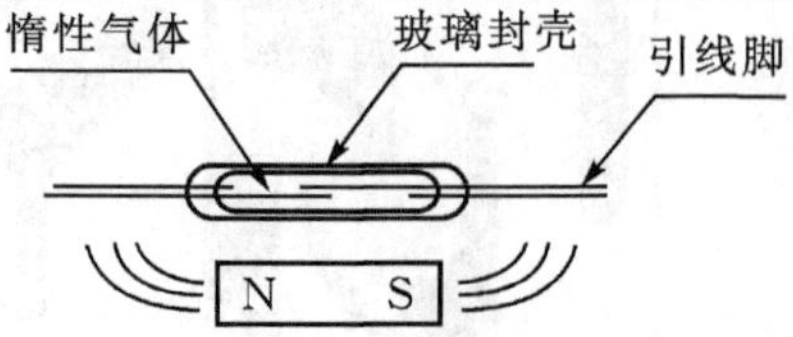　　惰性气体　　玻璃封壳　　引线脚　　N　S　　干簧管传感器
麦克风 （声敏传感器）	是将感应到的声音或振动转化为电信号，外围负，用屏蔽线焊接 　　麦克风

5．印制板焊接

按元器件安装图 8.29 所示，将元器件焊接至 PCB 上，注意二极管、三极管及电解电容的极性。

(a)三极管　　　　　　　　(b)电解电容　　　　　　　(c)二极管、电阻

图 8.29　元器件安装

8.3.5　整机装配与调试

在连线之前,应将机壳拆开,避免烫伤及其他损害,并保存好机壳和螺钉(注意电机不可拆)。

按如下步骤安装机器猫:

(1)电动机

打开机壳,电动机(黑色)已固定在机壳底部。电动机负极与电池负极有一根连线,改装电路,将连在电池负极的一端焊下来,改接至线路板的"电动机-"(M-),由电动机正端引一根线 J1 到印制板上的"电动机+"(M+)。音乐芯片连接在电池负极的那一端改接至电动机的负极,使其在猫行走的时候才发出叫声。

(2)电源

由电池负极引一根线 J2 到印制板上的"电源-"(V-)。"电源+"(V+)与"电机+"(M+)相连,不用单独再接。

(3)磁控

由印制板上的"磁控+、-"(R+、R-)引两根线 J3、J4,分别搭焊在干簧管(磁敏传感器)两腿,放在猫后部,应贴紧机壳,便于控制。干簧管没有极性。

(4)红外接收管(白色)

由印制板上的"光控+、-"(I+、I-)引两根线 J5、J6 搭焊到红外接收管的两个管腿上,其中一条管腿套上热缩管,以免短路,导致打开开关后猫一直走个不停。红外接收管放在猫眼睛的一侧并固定住。应注意的是:红外接收管的长腿应接在"I-"上。

(5)声控部分

屏蔽线两头脱线,一端分正负(中间为正,外围为负)焊到印制板上的 S+、S-;另一端分别贴焊在麦克风(声敏传感器)的两个焊点上,但要注意极性,且麦克易损坏,焊接时间不要过长。焊接完后麦克安在猫前胸。

(6)检查

通电前检查元器件焊接及连线是否有误,以免造成短路,烧毁电机发生危险。尤其注意在装入电池前测量"电源-"(V-)。"电源+"间是否短路,并注意电池极性。

(7)静态工作点参考值

参考电压见表 8.5。

表 8.5　静态参考电压表

代号	型号	静态参考电压		
		E(V)	B(V)	C(V)
Q1	9014	0	0.5	4
Q2	9014D	0	0.6	3.6
Q3	9014	0	0.4	0.5
Q4	9014	0	0	4.5
Q5	8050D	0	0	4.5
IC1	555	1∶0	2∶3.8	3∶0
		4∶4.5	5∶3	6∶0
		7∶0	8∶4.5	

（8）组装

简单测试完成后再组装机壳，注意螺钉不宜拧得过紧，以免塑料外壳损坏。

电路板和各感应部件的放置遵循以下思路：

①干簧管放在猫后部，贴紧机壳，便于磁感应。

②红外接收管通过钻孔放在猫胸前，便于感受光照。

③麦克的放置要求不多，这点由声音的传导性质决定。

完成了上述步骤后，不能先通电，应先检查元器件焊接及连线是否有误，以免造成短路。检测通过之后，方可进行封装。装好后，分别进行声控、光控、磁控测试，均有"走—停"过程即算合格。

如某部分功能不正常，可拆开机壳，有针对性地检查电路和焊接。一般来讲，基本器件的焊接只要细心仔细不会出现错误，最可能的错误来自于导线连接的错位和器件极性倒置，应重点检查。检查时可使用万用表探测电位加速诊断。

附录1 数字示波器的使用练习（DS－5000系列为例）

数字示波器是数据采集、A/D转换、软件编程等一系列的技术制造出来的高性能示波器。一般支持多级菜单，能提供给用户多种选择和多种分析功能。数字示波器因具有波形触发、存储、显示、测量、波形数据分析处理等独特优点，其使用日益普及。下面以 DS－5000 型数字示波器为例介绍数字示波器的使用。附图1是 DS－5000 型数字示波器。

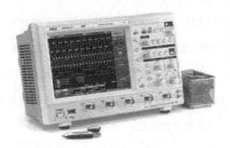

附图1　DS－5000型数字示波器

1. 功能检查

目的	做一次快速功能检查，以核实本仪器运行是否正常。
练习步骤	(1)接通电源，仪器执行所有自检项目，并确认通过自检；
	(2)按 STORAGE 按钮，用菜单操作键从顶部菜单框中选择存储类型，然后调出出厂设置菜单框；
	(3)接入信号到通道 1(CH1)，将输入探头和接地夹接到探头补偿器的连接器上，按 AUTO (自动设置)按钮，几秒钟内，可见到方波显示(1 kHz，约 3V，峰峰值)；
	(4)示波器设置探头衰减系数，此衰减系数改变仪器的垂直档位比例，从而使得测量结果正确反映被测信号的电平(在菜单中，默认的探头衰减系数设定值为 10X)，设置方法如下： 按 CH1 功能键显示通道 1 的操作菜单，用 3 号菜单操作键，选择与使用的探头同比例的衰减系数；
	(5)以同样的方法检查通道 2 (CH2)。按 OFF 功能按钮以关闭 CH1，按 CH2 功能按钮以打开通道 2，重复步骤(3)和(4)。
提示	示波器一开机，调出出厂设置，可以恢复正常运行，实验室使用开路电缆，探头衰减系数应设为 1X。

2. 波形显示的自动设置

目的	学习、掌握使用自动设置的方法。
练习步骤	(1)将被测信号(自身校正信号)连接到信号输入通道; (2)按下 AUTO 按钮; (3)示波器将自动设置垂直、水平和触发控制。
提示	用自动设置要求被测信号的频率大于或等于 50Hz,占空比大于 1%。

3. 垂直系统的练习

目的	利用示波器自带校正信号,了解垂直控制区(VERTICAL)的按键旋钮对信号的作用。
练习步骤	(1)将"CH1"或"CH2"的输入连线接到探头补偿器的连接器上; (2)按下 AUTO 按钮,波形清晰显示于屏幕上; (3)转动垂直 POSITION 旋钮,只是通道的标识跟随波形而上下移动; (4)转动垂直 SCALE 旋钮,改变"Volt/div"垂直档位,可以发现状态栏对应通道的档位显示(5)发生了相应的变化,按下垂直 SCALE 旋钮,可设置输入通道的粗调/细调状态; (5)按 CH1 、 CH2 、 MATH 、 REF ,屏幕显示对应通道的操作菜单、标志、波形和档位状态信息,按 OFF 按键,关闭当前选择的通道。
提示	OFF 按键具备关闭菜单的功能,当菜单未隐藏时,按 OFF 按键可快速关闭菜单,如果在按 CH1 或 CH2 后立即按 OFF ,则同时关闭菜单和相应的通道。

4. CH1、CH2 通道设置

目的	学习、掌握示波器的通道设置方法,搞清通道耦合对信号显示的影响。
练习步骤	(1)在 CH1 接入一含有直流偏置的正弦信号,关闭 CH2 通道; (2)按 CH1 功能键,系统显示 CH1 通道的操作菜单; (3)按耦合→交流,设置为交流耦合方式,被测信号含有的直流分量被阻隔,波形显示在屏幕中央,波形以零线标记上下对称,屏幕左下方出现"CH1~"交流耦合状态标志; (4)按耦合→直流,设置为直流耦合方式,被测信号含有的直流分量和交流分量都可以通过,波形显示偏离屏幕中央,波形不以零线为标记上下对称,屏幕左下方出现直流耦合状态标志"CH1—"; (5)按耦合→接地,设置为接地方式,被测信号都被阻隔,波形显示为一零直线,左下方出现接地耦合状态标志"CH1"。
提示	每次按 AUTO 按钮,系统默认交流耦合方式,CH2 的设置同样如此。 交流耦合方式方便用户用更高的灵敏度显示信号的交流分量,常用于观测模电的信号。 直流耦合方式可以通过观察波形与信号地之间的差距来快速测量信号的直流分量,常用于观察数电波形。

5. 通道带宽设置

目的	学习、掌握通道带宽限制的设置方法。
练习 步骤	(1)在 CH1 接入正弦信号，f＝1 kHz，幅度为几毫伏； (2)按 CH1 →带宽限制→关闭，设置带宽限制为关闭状态，被测信号含有的高频干扰信号可以通过，波形显示不清晰，比较粗； 按 CH1 →带宽限制→打开，设置带宽限制为打开状态，被测信号含有的大于 20 MHz 的高频信号被阻隔，波形显示变得相对清晰，屏幕左下方出现带宽限制标记"B"。
提示	带宽限制打开相当于输入通道接入一个 20 MHz 的低通滤波器，对高频干扰起到阻隔作用，在观察小信号或含有高频振荡的信号时常用到。

6. 探头衰减系数设置

目的	学习、掌握探头衰减系数的设置。
练习 步骤	(1)在 CH1 通道接入校正信号； (2)按探头改变探头衰减系数分别为 1X、10X、100X、1000X，观察波形幅度的变化。
提示	探头衰减系数的变化，带来屏幕左下方垂直档位的变化，100X 表示观察的信号扩大了 100 倍，依此类推。这一项设置配合输入电缆探头的衰减比例设定要求一致，如探头衰减比例为 10∶1，则这里应设成 10X，以避免显示的档位信息和测量的数据发生错误，示波器用开路电缆接入信号，则设为 1X。

7. 档位调节设置

目的	学习、掌握档位调节的设置方法。
练习 步骤	(1)在 CH1 接入校正信号； (2)改变档位调节为粗调； (3)调节垂直 SCALE 旋钮，观察波形变化情况，粗调是以(1)—(2)—(5)方式步进确定垂直档位灵敏度； (4)改变档位调节为细调； (5)调节垂直 SCALE 旋钮，观察波形变化情况。细调是指在当前垂直档位范围内进一步调整。如果输入的波形幅度在当前档位略大于满刻度，而用下一档位波形显示幅度又稍低，可以应用细调改善波形显示幅度，以利于信号细节的观察。
提示	切换细调/粗调，不但可以通过此菜单操作，更可以通过按下垂直 SCALE 旋钮作为设置输入通道的粗调/细调状态的快捷键。

8. 波形反相的设置

目的	学习、掌握波形反相的设置方法。
练习 步骤	(1)CH1、CH2 通道都接入校正信号，并稳定显示于屏幕中； (2)按 CH1 、CH2 反相→关闭(默认值)，比较两波形，应为同相； (3)按 CH1 或 CH2 中的一个，反相→打开，比较两波形相位相差 180°。

提示	波形反相是指显示的信号相对地电位翻转180°,其实质未变,在观察两个信号的相位关系时,要注意这个设置,两通道应选择一致。

9. 水平系统的练习

目的	学习、掌握水平控制区(HORIZIONTAL)按键、旋钮的使用方法。
练习步骤	(1)在 CH1 接入校正信号; (2)旋转水平 SCALE 旋钮,改变档位设置,观察屏幕右下方"Time—"的信息变化; (3)使用水平 POSITION 旋钮调整信号在波形窗口的水平位置; (4)按 MENU 按钮,显示TIME菜单,在此菜单下,可以开启/关闭延迟扫描或切换 Y—T、X—T 显示模式,还可以设置水平 POSITION 旋钮的触发位移或触发释抑模式。
提示	转动水平 SCALE 旋钮,改变"s/div"水平档位,可以发现状态栏对应通道的档位显示发生了相应的变化,水平扫描速度以(1)—(2)—(5)的形式步进。 水平 POSITION 旋钮控制信号的触发位移,转动水平 POSITION 旋钮时,可以观察到波形随旋钮而水平移动,实际上水平移动了触发点。 触发释抑:指重新启动触发电路的时间间隔。转动水平 POSITION 旋钮,可以设置触发释抑时间。

10. 触发系统的练习

目的	学习、掌握触发控制区一个旋钮、三个按键的功能。
练习步骤	(1)在 CH1 接入校正信号; (2)使用 LEVEL 旋钮改变触发电平设置; 　　使用 LEVEL 旋钮,屏幕上出现一条黑色的触发线以及触发标志,随旋钮转动而上下移动,停止转动旋钮,此触发线和触发标志会在几秒后消失,在移动触发线的同时可观察到屏幕上触发电平的数值或百分比显示发生了变化,要波形稳定显示一定要使触发线在信号波形范围内; (3)使用 MENU 跳出触发操作菜单,改变触发的设置,一般使用如下设置: 　　"触发类型"为边沿触发, 　　"信源选择"为CH1, 　　"边沿类型"为上升沿, 　　"触发方式"为自动, 　　"耦合"为直流; (4)按 FORCE 按钮,强制产生一触发信号,主要应用于触发方式中的"普通"和"单次模式"; (5)按 50% 按钮,设定触发电平在触发信号幅值的垂直中点。

提示	改变"触发类型"、"信源选择"、"边沿类型"的设置,会导致屏幕右上角状态栏的变化。 触发可从多种信源得到:输入通道(CH1、CH2)、外部触发(EXT、EXT/5、EXT(50))、ACline(市电)。最常用的触发信源是输入通道,当 CH1、CH2 都有信号输入时,被选中作为触发信源的通道无论其输入是否被显示都能正常工作。但当只有一路输入时,则要选择有信号输入的那一路,否则波形难以稳定。 外部触发可用于在两个通道上采集数据的同时,在 EXT TRIG 通道上外接触发信号。 ACline 可用于显示信号与动力电之间的关系,示波器采用交流电源(50Hz)作为触发源,触发电平设定为 0V,不可调节。

11. 触发方式

目的	学习触发菜单中"触发方式"的三种功能。
练习步骤	(1)在通道 1 接入校正信号; (2)按"触发方式"为<u>自动</u>。这种触发方式使得示波器即使在没有检测到触发条件的情况下也能采样波形,示波器强制触发显示有波形,但可能不稳定; (3)按"触发方式"为<u>普通</u>。在普通触发方式下,只有当触发条件满足时,才能采样到波形,在没有触发时,示波器将显示原有波形而等待触发; (4)按"触发方式"为<u>单次</u>。在单次触发方式下,按一次 RUN/STOP 按钮,示波器等待触发,当示波器检测到一次触发时,采样并显示一个波形,采样停止,但随后的信号变化就不能实时反映。
提示	在自动触发时,当强制进行无效触发时,示波器虽然显示波形,但不能使波形同步,显示的波形将不稳定,当有效触发发生时,显示器上的波形才稳定。

12. 采样系统的设置

目的	学习和掌握采样系统的正确使用。
练习步骤	(1)在通道 1 接入几毫伏的正弦信号; (2)在 MENU 控制区,按采样设置钮 ACQUIRE; (3)在弹出的菜单中,选"获取方式"为<u>普通</u>,则观察到的波形显示含噪声; (4)选"获取方式"为<u>平均</u>,并加大平均次数,若为 64 次平均后,则波形去除噪声影响,明显清晰; (5)选"获取方式"为<u>模拟</u>,则波形显示接近模拟示波器的效果; (6)选"获取方式"为<u>峰值检测</u>,则采集采样间隔信号的最大值和最小值,获取此信号好的包络或可能丢失的窄脉冲,包络之间的密集信号用斜线表示。
提示	观察单次信号选用<u>实时采样</u>方式,观察高频周期信号选用<u>等效采样</u>方式,希望观察信号的包络选用峰值检测方式,期望减少所显示信号的随机噪声,选用<u>平均采样</u>方式,观察低频信号,选择<u>滚动模式</u>方式,希望避免波形混淆,打开<u>混淆抑制</u>。

13. 显示系统的设置

目的	学习、掌握数字式示波器显示系统的设置方法。
练习步骤	(1)在MENU控制区,按显示系统设置钮 DISPLAY ; (2)通过菜单控制调整显示方式; (3)显示类型为矢量,则采样点之间通过连线的方式显示。一般都采用这种方式; (4)显示类型为点,则直接显示采样点; (5)屏幕网格的选择改变屏幕背景的显示; (6)屏幕对比度的调节改变显示的清晰度。

14. 辅助系统功能的设置

目的	学习、掌握数字式示波器辅助功能的设置方法。
练习步骤	(1)在MENU控制区,按辅助系统设置钮 UTILITY ; (2)通过菜单控制调整接口设置、声音、语言等; (3)进行自校正、自测试、波形录制等。

15. 迅速显示一未知信号

目的	学习、掌握数字式示波器的基本操作。
练习步骤	(1)将探头菜单衰减系数设定为10X; (2)将CH1的探头连接到电路被测点; (3)按下 AUTO (自动设置)按钮; (4)按 CH2 — OFF , MATH — OFF , REF — OFF ; (5)示波器将自动设置,使波形显示达到最佳。 在此基础上,可以进一步调节垂直,水平档位,直至波形显示符合要求。
提示	被测信号连接到某一路进行显示,其他应关闭,否则,会有一些不相关的信号出现。

16. 观察幅度较小的正弦信号

目的	学习、掌握数字式示波器观察小信号的方法。
练习步骤	(1)将探头菜单衰减系数设定为10X; (2)将CH1的探头连接到正弦信号发生器,(峰-峰值为几毫伏,频率为几千KHz); (3)按下 AUTO (自动设置)按钮; (4)按 CH2 — OFF , MATH — OFF , REF — OFF ; (5)按下信源选择选相应的信源 CH1 ; (6)打开带宽限制为20M; (7)采样选平均采样; (8)触发菜单中的耦合选高频抑制。 在此基础上,可以进一步调节垂直,水平档位,直至波形显示符合要求。
提示	观察小信号时,带宽限制为20M、高频抑制都是减小高频干扰;平均采样取的是多次采样的平均值,次数越多越清楚,但实时性较差。

17. 自动测量信号的电压参数

目的	学习、掌握信号的电压参数的测量方法。
练习 步骤	(1)在通道 1 接入校正信号； (2)按下 MEASURE 按钮，以显示自动测量菜单； (3)按下信源选择选相应的信源 CH1； (4)按下电压测量选择测量类型； 在电压测量类型下，可以进行峰峰值、最大值、最小值、平均值、幅度、顶端值、底端值、均方根值、过冲值、预冲值的自动测量。
提示	电压测量分三页，屏幕下方最多可同时显示三个数据，当显示已满时，新的测量结果会导致原显示左移，从而将原屏幕最左的数据挤出屏幕之外。 按下相应的测量参数，在屏幕的下方就会有显示。 信源选择指设置被测信号的输入通道。

18. 自动测量信号的时间参数

目的	学习、掌握示波器的时间参数测量方法。
练习 步骤	(1)在通道 1 接入校正信号； (2)按下 MEASURE 按钮，以显示自动测量菜单； (3)按下信源选择选相应的信源 CH1； (4)按下时间测量选择测量类型； 在时间测量类型下，可以进行频率、时间、上升时间、下降时间、正脉宽、负脉宽、正占空比、负占空比、延迟 1—2 上升沿、延迟 1—2 下降沿的测量。
提示	时间测量分三页，按下相应的测量参数，在屏幕的下方就会有该显示，延迟 1—2 上升沿是指测量信号在上升沿处的延迟时间，同样，延迟 1—2 下降沿是指测量信号在下降沿处的延迟时间。若显示的数据为"＊＊＊＊＊"，表明在当前的设置下此参数不可测，或显示的信号超出屏幕之外，需手动调整垂直或水平档位，直到波形显示符合要求。

19. 获得全部测量数值

目的	学习、掌握用示波器获得全部测量数值的方法。
练习 步骤	(1)在通道 1 接入校正信号； (2)按下 MEASURE 按钮，以显示自动测量菜单； (3)按全部测量操作键，设置全部测量状态为"打开"； 18 种测量参数值将显示于屏幕中央。
提示	测量结果在屏幕上的显示会因为被测信号的变化而改变。此功能有些型号的示波器不具备。

20. 观察两不同频率信号

目的	学习、掌握示波器双踪显示的方法。
练习步骤	(1)设置探头和示波器通道的探头衰减系数为相同； (2)将示波器通道 CH1 、CH2 分别与两信号相连； (3)按下 AUTO 按钮； (4)调整水平、垂直档位直至波形显示满足测试要求； (5)按 CH1 按钮，选通道 1，旋转垂直(VERTICAL)区域的垂直 POSITION 旋钮，调整通道 1 波形的垂直位置； (6)按 CH2 按钮，选通道 2，调整通道 2 波形的垂直位置，使通道 1、2 的波形既不重叠在一起，又利于观察比较。
提示	双踪显示时，可采用单次触发，得到稳定的波形，触发源选择长周期信号，或是幅度稍大，信号稳定的那一路。

21. 用光标手动测量信号的电压参数

目的	学习、掌握用光标测量信号垂直方向参数的方法。
练习步骤	(1)接入被测信号，并稳定显示； (2)按 CURSOR 选光标模式为手动； (3)根据被测信号接入的通道选择相应的信源； (4)选择光标类型为电压； (5)移动光标可以调整光标间的增量； (6)屏幕显示光标 A、B 的电位值及光标 A、B 间的电压值。
提示	电压光标是指定位在待测电压参数波形某一位置的两条水平光线，用来测量垂直方向上的参数，示波器显示每一光标相对于接地的数据，以及两光标间的电压值。 旋转垂直 POSITION 钮，使光标 A 上下移动。 旋转水平 POSITION 钮，使光标 B 上下移动。

22. 用光标手动测量信号的时间参数

目的	学习、掌握用光标测量信号水平方向参数的方向。
练习步骤	(1)接入被测信号并稳定显示； (2)按 CURSOR 选光标模式为手动； (3)根据被测信号接入的通道选择相应的信源； (4)选择光标类型为时间； (5)移动光标可以改变光标间的增量； (6)屏幕显示一组光标 A、B 的时间值及光标 A、B 间的时间值。

目的	学习、掌握用光标测量信号水平方向参数的方向。
提示	时间光标是指定位在待测时间参数波形某一位置的两条垂直光线,用来测量水平方向上的参数,示波器根据屏幕水平中心点和这两条直线之间的时间值来显示每个光标的值,以秒为单位; 旋转垂直 POSITION 钮,使光标 A 左右移动; 旋转水平 POSITION 钮,使光标 B 左右移动。

23. 用光标追踪测量信号的参数

目的	学习、掌握光标追踪测量方式的作用。
练习步骤	(1)接入被测信号并稳定显示; (2)按 CURSOR 选光标模式为追踪; (3)根据被测信号接入的通道选择相应的信源; (4)移动光标可以改变十字光线的水平位置; (5)屏幕上显示定位点的水平、垂直光标和两光标间水平、垂直的增量。
提示	光标追踪测量方式是在被测信号波形上显示十字光标,通过移动光标的水平位置光标自动在波形上定位,并显示相应的坐标值,水平坐标以时间值显示,垂直坐标以电压值显示,电压以通道接地点位基准,时间以屏幕水平中心位置为基准; 旋转垂直 POSITION 钮,使光标 A 在波形上水平移动; 旋转水平 POSITION 钮,使光标 B 在波形上水平移动。

附录 2 常用电子元件封装及标准尺寸

常用电阻、电容、二极管、三极管的封装及标准尺寸分述如下：

1. 直插式电阻封装及尺寸

直插式电阻的封装形式为 AXIAL - xx（比如 AXIAL - 0.3、AXIAL - 0.4），其中 xx 代表焊盘中心间距为 xx 英寸。这个尺寸比电阻本身要稍微大一点点，如附图 2 所示。常见封装：AXIAL - 0.3、AXIAL - 0.4、AXIAL - 0.5、AXIAL - 0.6、AXIAL - 0.7、AXIAL - 0.8、AXIAL - 0.9、AXIAL - 1.0，附图 2 给出了 AXIAL - 0.3 的示例。

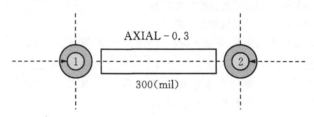

附图 2　直插式电阻 AXIAL - 0.3 封装尺寸

2. 直插式电容封装及尺寸

（1）无极性电容

常见电容分为两类：无极性电容和有极性电容，典型的无极性电容如下。

无极性电容的封装以 RAD 标识，有 RAD - 0.1、RAD - 0.2、RAD - 0.3、RAD - 0.4，后面的数字表示焊盘中心孔的间距，附图 3 给出 RAD - 0.3 的示例。

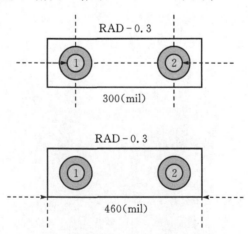

附图 3　无极性电容 RAD - 0.3 封装尺寸

（2）有极性电容

有极性电容一般指电解电容。这类电容都是标准的封装，但是高度不一定标准，包括很多定制的电容，需根据产品设计特点进行选择。

电解电容的封装以 RB 标识，常见：RB.2/.4、RB.3/.6、RB.4/.8、RB.5/1.0，其前面的数字表示焊盘中心孔的间距，后面的数字表示外围尺寸（丝印），单位为英寸，如附图 4 所示为 RB.3/.6 的示例。

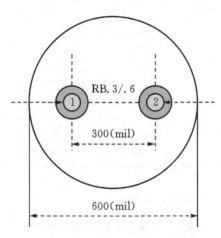

附图 4　有极性电容 RB.3/.6 封装尺寸

3.贴片电阻电容封装规格、尺寸和功率对应关系

贴片电阻电容常见封装有九种（电容指无级贴片），有英制和公制两种表示方式。英制表示方法是采用四位数字表示的 EIA（美国电子工业协会）代码，前两位表示电阻或电容长度，后两位表示宽度，单位为英寸。我们常说的 0201 封装就是指英制代码。实际上公制很少用到，公制代码也由四位数字表示，其单位为毫米，与英制类似。

根据耐压不同，贴片电容又可分为 A、B、C、D 四个系列，具体分类如附表 1：

附表 1　贴片电容封装形式耐压表

类型	封装形式	耐压
A	3216	10 V
B	3528	16 V
C	6032	25 V
D	7343	35 V

贴片钽电容的封装是分为：A 型（3216），B 型（3528），C 型（6032），D 型（7343），E 型（7845）。有斜角的表示正极。

封装尺寸规格对应关系如附表 2 所示：

附表 2　封装尺雨规格对应关系表

英制 (inch)	公制 (mm)	长（L） (mm)	宽（W） (mm)	高（t） (mm)
0201	0603	0.60±0.05	0.30±0.05	0.23±0.05
0402	1005	1.00±0.10	0.50±0.10	0.30±0.10
0603	1608	1.60±0.15	0.80±0.15	0.40±0.10
0805	2012	2.00±0.20	1.25±0.15	0.50±0.10
1206	3216	3.20±0.20	1.60±0.15	0.55±0.10
1210	3225	3.20±0.20	2.50±0.20	0.55±0.10
1812	4832	4.50±0.20	3.20±0.20	0.55±0.10
2010	5025	5.00±0.20	2.50±0.20	0.55±0.10
2512	6432	6.40±0.20	3.20±0.20	0.55±0.10

封装尺寸与功率的关系通常如附表 3 所示：

附表 3　封装尺寸与功率的对应关系

英制	0201	0402	0603	0805	1206	1210	1812	2010	2512
功率	1/20 W	1/16 W	1/10 W	1/8 W	1/4 W	1/3 W	1/2 W	3/4 W	1 W

按照 1 mil＝0.001 英寸，1 英寸＝2.54 cm 换算关系设计（1 英寸＝1000 mil）。

电容电阻外形尺寸与封装的对应关系如附表 4 所示：

附表 4　封装尺寸与外形尺寸的对应关系

英制	0402	0603	0805	1206	1210	1812	2225
尺寸(mm)	1.0×0.5	1.6×0.8	2.0×1.2	3.2×2.5	3.2×2.5	4.5×32	5.6×6.5

如 1005(0402)的封装的外形尺寸如附图 5 所示。

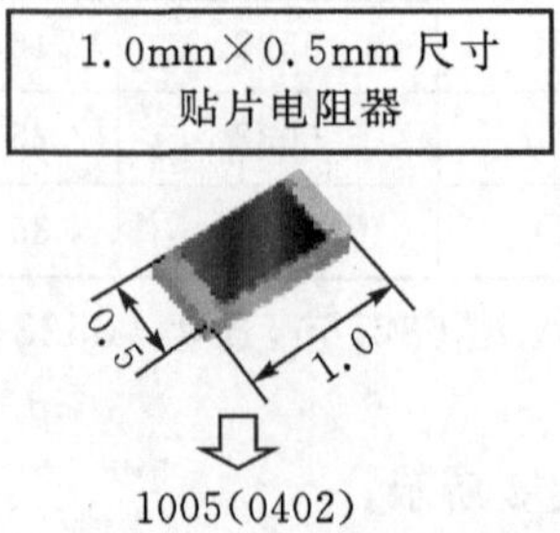

附图 5　贴片电阻 1005(0402)封装尺寸

附表 5 列出贴片电阻封装英制和公制的关系及详细的尺寸。表中符号的意义如附图 6 所示。

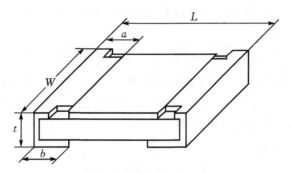

附图 6　贴片电阻尺寸符号含义示意图

附表 5　贴片电阻英制/公制规格型号与尺寸的关系

英制 (inch)	公制 (mm)	长(L) (mm)	宽(W) (mm)	高(t) (mm)	a (mm)	b (mm)
0201	0603	0.60±0.05	0.30±0.05	0.23±0.05	0.10±0.05	0.15±0.05
0402	1005	1.00±0.10	0.50±0.10	0.30±0.10	0.20±0.10	0.25±0.10
0603	1608	1.60±0.15	0.80±0.15	0.40±0.10	0.30±0.20	0.30±0.20
0805	2012	2.00±0.20	1.25±0.15	0.50±0.10	0.40±0.20	0.40±0.20
1206	3216	3.20±0.20	1.60±0.15	0.55±0.10	0.50±0.20	0.50±0.20
1210	3225	3.20±0.20	2.50±0.20	0.55±0.10	0.50±0.20	0.50±0.20
1812	4832	4.50±0.20	3.20±0.20	0.55±0.10	0.50±0.20	0.50±0.20
2010	5025	5.00±0.20	2.50±0.20	0.55±0.10	0.60±0.20	0.60±0.20
2512	6432	6.40±0.20	3.20±0.20	0.55±0.10	0.60±0.20	0.60±0.20

钽质电容已经越来越多应用于各种电子产品上,属于比较贵重的元件,发展至今,也有了一个标准尺寸系列,用英文字母 Y、A、X、B、C、D 来代表。

其对应关系如附表 6 所示。

附表 6　钽质电容规格型号与尺寸的关系

规格型号	Y	A	X	B	C	D
L(mm)	3.2	3.8	3.5	4.7	6.0	7.3
W(mm)	1.6	1.9	2.8	2.6	3.2	4.3
T(mm)	1.6	1.6	1.9	2.1	2.5	2.8

注意:电容值相同但规格型号不同的钽质电容不可代用。

如:10UF/16V"B"型与 10UF/16V"C"型不可相互代用。

4. 二极管

常用封装的形式有玻璃封装、金属封装和塑料封装几种。主要有直插式 DO 系列和贴片式 SOD 系列。DO 系列有:DO-34、DO-35、DO-41、DO-27 等;贴片二极管的 PCB 封装:

SOD 123、SOD－323、SOD－523、SOD－723 等。

一般 DO－15 是 1.5A～2A 的管子,DO－41 是 1A 或是 1A 以下的管子,而 DO－27 是 3A 的管子。

5. 三极管

三极管的封装主要有直插式 TO 系列和贴片式 SOT 系列。TO 系列有 TO－92、TO－126、TO－251、TO－252、TO－263、TO－220、TO－3 等;SOT 系列有:SOT－23、SOT－143, SOT－25,SOT－26,SOT－50 SOT323 等。

6. 常用元件封装一览表

附表 7　常用元件封装表

元件	代号	封装	备注
电阻	R	AXIAL0.3	
电阻	R	AXIAL0.4	
电阻	R	AXIAL0.5	
电阻	R	AXIAL0.6	
电阻	R	AXIAL0.7	
电阻	R	AXIAL0.8	
电阻	R	AXIAL0.9	
电阻	R	AXIAL1.0	
电容	C	RAD0.1	方型电容
电容	C	RAD0.2	方型电容
电容	C	RAD0.3	方型电容
电容	C	RAD0.4	方型电容
电容	C	RB.2/.4	电解电容
电容	C	RB.3/.6	电解电容
电容	C	RB.4/.8	电解电容
电容	C	RB.5/1.0	电解电容
保险丝	FUSE	FUSE	
二极管	D	DIODE0.4	IN4148
二极管	D	DIODE0.7	IN5408
三极管	Q	TO-126	
三极管	Q	TO-3,TO-3P	3DD15
三极管	Q	TO-66	3DD6
三极管	Q	TO-220,TO-220P,TO-220FP	TIP42
电位器	VR	VR1	
电位器	VR	VR2	

元件	代号	封装	备注
电位器	VR	VR3	
电位器	VR	VR4	
电位器	VR	VR5	
插座	CON2	SIP2	2 脚
插座	CON3	SIP3	3 脚
插座	CON4	SIP4	4 脚
插座	CON5	SIP5	5 脚
插座	CON6	SIP6	6 脚
插座	CON16	SIP16	16 脚
插座	CON20	SIP20	20 脚
整流桥堆	D	D-37R	1A 直角封装
整流桥堆	D	D-38	3A 四脚封装
整流桥堆	D	D-44	3A 直线封装
整流桥堆	D	D-46	10A 四脚封装
集成电路	U	DIP8(S)	贴片式封装
集成电路	U	DIP16(S)	贴片式封装
集成电路	U	DIP8(S)	贴片式封装
集成电路	U	DIP20(D)	贴片式封装
集成电路	U	DIP6	双列直插式
集成电路	U	DIP8	双列直插式
集成电路	U	DIP14	双列直插式
集成电路	U	DIP16	双列直插式
集成电路	U	DIP20	双列直插式
集成电路	U	ZIP-15H	TDA7294
集成电路	U	ZIP-11H	

7. 集成芯片封装列表

附表 8　集成芯片封装表

封装名称(中英文)	简称	封装形式图片	封装名称(中英文)	简称	封装形式图片
球栅阵列封装 Ball Grid Array	BGA		方型扁平式封装 Quad Flat Package	QFP	
微型球栅阵列封装 Micro Ball Grid Array	uBGA		扁平簿片方形封装 Thin Qquad Flat Package	TQFP	

封装名称（中英文）	简称	封装形式图片	封装名称（中英文）	简称	封装形式图片
塑料焊球阵列封装 Plastic Ball Grid Array Package	PBGA		塑料四边引线封装 Plastic Qquad Flat Package	PQFP	
陶瓷焊球阵列封装 Ceramic Ball Grid Array Package	CBGA		薄型 QFP Low rofile Quad Flat Package	LQFP	
芯片尺寸封装 Chip Scale Package	CSP		微型簿片式封装 Thin Small Outline Package	TSOP	
板上芯片封装 chip On board	COB		塑料针栅阵列封装 Plastic PIN Grid Array	PGA	
板上倒装片 Flip Chip On Board	FCOB		陶瓷针栅阵列封装 Ceramic Plastic PIN Grid Array	CPGA	
瓷质基板上芯片贴装 Chip on Chip	COC		陶瓷双列直插式封装 CERamic Dual In-line Package	CERDIP	
多芯片模型贴装 Multi-Chip Module	MCM		薄型小外型塑封 Thin Small Out-Line Package	TSOP	
无引线片式载体 Leadless Chip Carrier	LCC		窄间距小外型塑封 Shrink Small Outline Package	SSOP	
陶瓷扁平封装 Ceramic Flat Package	CFP		晶圆片级芯片规模封装 Wafer Level Chip Scale Packaging	WLCSP	
塑料 J 形线封装 Small Out-Line J-Leaded Package	SOJ		双列直插式封装 Dual In-line Package	DIP	
小外形外壳封装 Small Outline Package	SOP		单列直插式封装 SingleIn-line Package	SIP	

参考文献

［1］ 中华人民共和国国家质量监督检验检疫总局、中国国家标准化管理委员会.GB/T 6988.1－2008/IEC61082－1:2006 ［S］,北京:中国标准出版社,2008.

［2］ 王天曦,李鸿儒.电子技术工艺基础［M］.清华大学出版社,2006.

［3］ 李敬伟,段维莲.电子工艺训练教程(第二版)［M］.电子工业出版社.2008.

［4］ 王明.电子产品的微组装技术［J］.集成电路通讯.2008 年 9 月.Vol.26,No.3:48－56.

［5］ 梁鼎猷,何方文.电子电气制图［M］.高等教育出版社.1990.

［6］ 张碧翔.电子产品的调试过程和常用方法［J］.家电检修技术.2010,20:18－19.

［7］ 杨建生,陈建军.先进微电子封装技术(FC、CSP、BGA)发展趋势概述［J］.集成电路应用.2003,12:64－69.

［8］ 肖玲妮,袁增贵.Protel 99 SE 印刷电路板设计教程［M］.清华大学出版社.2003.

［9］ 程亚惟,康实.收音机原理与技术［M］.机械工业出版社 2002.

［10］ 王英编.电工电子综合性实习教程［M］.西南交通大学出版社.2008.

［11］ 王军伟.收录机原理与故障分析［M］.高等教育出版社 2007.

［12］ 唐红莲,刘爱荣,王振成,黄双根.EDA 实践补充教材［M］.清华大学出版社.2004.

［13］ 彭介华.电子技术课程设计指导［M］.高等教育出版社.1997.

［14］ 陈大钦.电子技术基础实验－电子电路实验、设计、仿真［M］.高等教育出版社.2008.

［15］ 李万臣.模拟电子技术基础实验与课程设计［M］.哈尔滨工程大学出版社.2001.

［16］ 周良权,傅恩锡,李世馨.模拟电子技术基础［M］.高等教育出版社.2009.

［17］ 王济浩.模拟电子技术基础［M］.清华大学出版社.2009.

［18］ 郑英兰.常用电子元器件实用教程［M］.中国电力出版社.2011.

［19］ 崔显璋,等.电子工技术工艺基础(讲义).西安交通大学科教仪器总厂,无线电教学实习中心.2006.

［20］ 王孙安,等.基础工程训练(讲义).西安交通大学工程训练中心.2000.